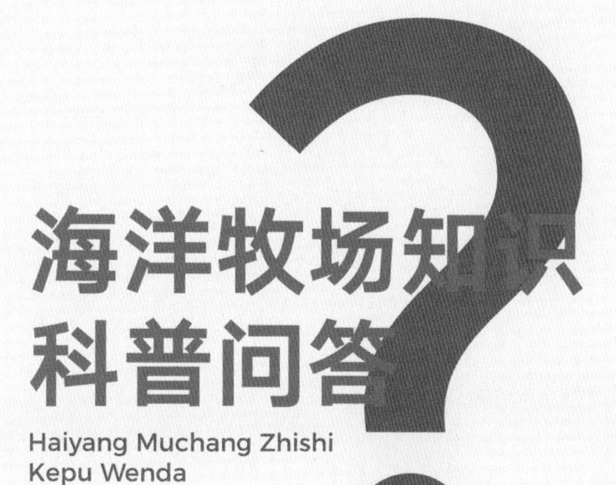

海洋牧场知识科普问答

Haiyang Muchang Zhishi Kepu Wenda

全国水产技术推广总站
农业农村部海洋牧场建设专家咨询委员会 —— 编

中国农业出版社
北 京

图书在版编目（CIP）数据

海洋牧场知识科普问答 / 全国水产技术推广总站，农业农村部海洋牧场建设专家咨询委员会编 . — 北京：中国农业出版社，2023.6
ISBN 978-7-109-30104-7

Ⅰ . ①海… Ⅱ . ①全… ②农… Ⅲ . ①海洋农牧场－中国－问题解答 Ⅳ . ① S953.2-44

中国版本图书馆 CIP 数据核字 (2022) 第 181177 号

中国农业出版社出版
地址：北京市朝阳区麦子店街18号楼
邮编：100125
责任编辑：王金环　蔺雅婷　　插图：张琳子
责任校对：吴丽婷　　责任印制：王　宏
印刷：北京中科印刷有限公司
版次：2023年6月第1版
印次：2023年6月北京第1次印刷
发行：新华书店北京发行所
开本：889mm×1194mm　1/24
印张：7
字数：220千字
定价：58.00元

前言

Haiyang Muchang Zhishi Kepu Wenda

近年来，海洋牧场作为一种生态友好型的新型海洋渔业模式，在各级政府的大力支持下，得以快速发展。但与此同时，海洋牧场的建设也暴露出定位不清、片面追求经济效益等问题，许多社会公众对海洋牧场与传统海水养殖、底播增殖等生产方式之间的区别也并不了解，或与之等同起来，引发了一些困惑与质疑。

为加强海洋牧场科普宣传，正确引导社会舆论，促进海洋牧场科学有序发展，在农业农村部渔业渔政管理的指导下，全国水产技术推广总站和农业农村部海洋牧场建设专家咨询委员会共同组织编写了这本《海洋牧场知识科普问答》，力求以科学严谨的态度，对海洋牧场的定义、原理、特点、功能、意义等基本概念给出简明的阐释，对海洋牧场的建设、监测、评估、管理等基本工作给出清晰的指导，以供各级主管部门、推广机构、海洋牧场相关企业以及所有关心海洋牧场工作的社会公众阅读参考。

在本书的编写过程中，全国水产技术推广总站多次召开专题会议，对全书的结构、体例、内容进行研究。农业农村部海洋牧场建设咨询专家委员会的多位专家共同承担了本书具体的撰写、审核和统稿等工作。

其中，第一章由杨红生、陈勇、房燕、孙景春、茹小尚、霍达撰写，章守宇审阅；第二章由陈丕茂、田涛、陈国强、王波、章守宇、舒黎明、林军、陈钰祥、佟飞撰写，张沛东审阅；第三章总则由陈勇撰写，罗刚审阅；第一部分由田涛、唐衍力、陈丕茂、余景、尹增强、沈璐、于晓明撰写，关长涛审阅；第二部分由章守宇、王凯、李训猛撰写，张沛东审阅；第三部分由张沛东、张彦浩撰写，章守宇审阅；第四部分由黄晖、刘骋跃、黄林韬、张判撰写，肖宝华审阅；第五部分由张涛、王海艳、马培振、奉杰撰写，全为民审阅；第四章由张秀梅、关长涛、李娇、郭浩宇、胡成业撰写，陈丕茂审阅；第五章由关长涛、李培良、邢彬彬、王云中、李娇、孙利元、刘子洲、赵振营、殷雷明撰写、张涛审阅；第六章由陈丕茂、舒黎明、罗刚、李苗、袁华荣、冯雪、吴忠鑫、陈国宝、于杰、陈圣灿撰写，王波审阅；第七章由王爱民、刘永虎、陈丕茂、许强、袁华荣、程前、王森、刘崇焕、撰写，杨红生审阅；第八章由王云中、罗刚、王爱民、赵振营、李苗、孙利元撰写，罗刚审阅。全书由杨红生、陈勇、李苗负责统稿。由于海洋牧场是新生事物，又建设于水下不便观察，为方便大家理解相关内容，中国农业出版社安排专人对全书问答配以生动形象的绘图，在此谨表谢意。

书中不足之处，敬请读者批评指正。

编者

2022年12月20日

目录

?

一 基本概念

Haiyang Muchang Zhishi
Kepu Wenda

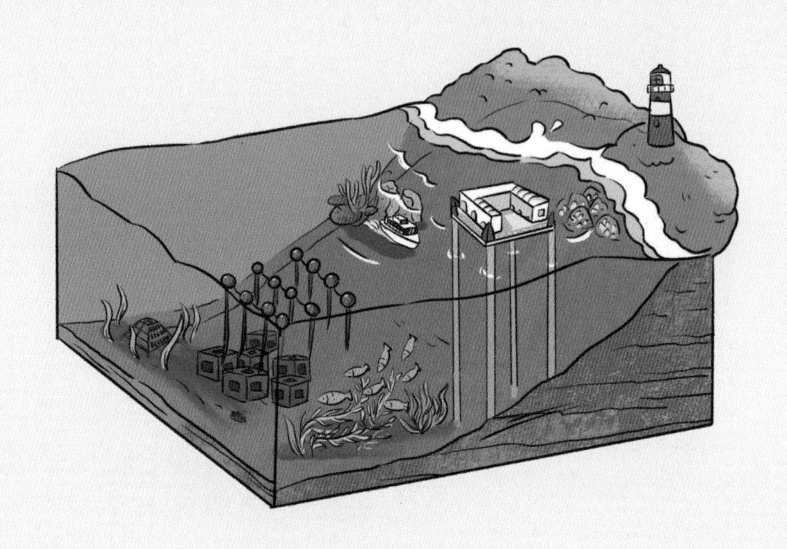

1.
什么是海洋牧场？

提到“牧场”，人们会自然联想到“草原牧场（Grassland pasture）”：蓝蓝的天空，雪白的云彩，辽阔的草原，成群的牛羊在悠闲地吃草漫步……那什么是海洋牧场呢？海洋牧场类似草原牧场，不同的是草原牧场是在陆地上，海洋牧场是在海洋里；草原牧场放牧的是牛、羊、马等陆地动物，海洋牧场放牧的是鱼、贝类等海洋动物。我们可想象海洋牧场的景象：蓝蓝的大海，林立多姿的礁石，五彩斑斓的海藻场 / 海草床，成群的鱼儿和虾蟹在自由地生活、成长……草原牧场是一种畜牧业模式，即通过在草原上放牧牛、羊等牲畜，生产供人们食用的牛羊肉产品；而海洋牧场则是一种海洋渔业模式，这种渔业模式是先在海洋里建设适宜鱼、贝类等水生生物栖息和繁育生长的生息场，等它们长大后捕获上来供人们食用。海洋牧场是基于海洋生态平衡的可持续渔业模式。

我国水产行业标准《海洋牧场分类》将海洋牧场（Marine ranching）定义为：基于海洋生态系统原理，在特定海域，通过投放人工鱼礁、增殖放流等措施，构建或修复海洋生物繁殖、生长、索饵或避敌所需的场所，增殖养护渔业资源，改善海域生态环境，实现渔业资源可持续利用的渔业模式。

国内外对海洋牧场的定义较多，但无论定义内容如何，建设海洋牧场的目的是解决海洋生态环境与渔业资源可持续利用的问题，使海洋成为生态健康、环境优美、资源丰富的人类食物供给地，成为可供人们在蓝天碧海中休闲娱乐的美好空间。

2.
为什么要建设海洋牧场？

我国人口众多，人均耕地面积少，确保粮食安全始终是头等大事。另一方面，我国拥有 300 万千米^2 的管辖海域面积，海里养育着无数的各类海洋生物，若能在海洋里像在陆地上生产粮食一样生产食物，像在草原上放牧牛羊一样放牧鱼、虾、贝类，补充陆地的粮食生产不足，那么中国人的食物供给体系就会得到改善和保障。

自远古以来，人类便从海洋中捕捞各种鱼、贝类食用，并逐渐形成了渔业，即海洋捕捞业。近代以来，随着工业进步，捕捞能力超过了渔业资源的恢复能力，近海的鱼、虾、贝、蟹类种群数量越来越少了。为了满足人们对水产品及动物蛋白日益增长的需求，科技人员将野生的鱼、贝类等进行人工驯养，开发了鱼、贝类养殖技术，出现了海水养殖业。随着人口数量不断增长，资源消耗越来越多，环境污染和破坏也越来越严重，海洋中的渔业资源出现了严重衰竭，沿海海水养殖业也受到了限制。海洋渔业到底怎样发展，才能使人类可持续地从海洋中生产优质食物呢？能不能够在修复与优化生态环境、养护和增殖渔业资源的过程中进行渔业生产，以保证生态、生物、生产和生活的平衡与和谐发展呢？在不断的实践探索过程中，人们终于创新了一种渔业模式——“海洋牧场”。海洋牧场不仅能够为我们不断地提供优质的海洋食物，提高渔民的经济收入，同时还能促进海洋生态系统健康和优化海洋空间，为我国的粮食安全、生态安全提供有力的保障。

3.

海洋牧场与人工鱼礁有什么区别？

海洋牧场与人工鱼礁不是一个概念，它们既有区别，又有联系。从定义看，海洋牧场是基于海洋生态系统原理，在特定海域，通过人工鱼礁、增殖放流等措施，构建或修复海洋生物繁殖、生长、索饵或避敌所需的场所，增殖和养护渔业资源，改善海域生态环境，实现渔业资源可持续利用的渔业模式；人工鱼礁是用于修复和优化海洋生态环境，建设海洋水生生物生息场的人工构造物。海洋牧场是一种渔业模式，而人工鱼礁（Artificial reef）则是一种人工设施，主要用于海洋牧场的生物生息场的建设，所以也称为人工生境或人工栖息地（Artificial habitat）。在海洋牧场建设体系中，海域生物资源养护和增殖是要解决的核心问题，可以通过投放人工鱼礁吸引并保护鱼、贝类在礁区聚集生长和繁衍，提升海洋牧场的生物资源量，也可以通过放流资源衰退严重的鱼、贝类的幼体来增加其种群数量。

国外的一些海洋牧场是指增殖放流的海域，所以只是单纯地放流鱼苗而不投放人工鱼礁。而我国的海洋牧场，主要是通过投放人工鱼礁来改善或营造海洋生物生息场，进而养护和增殖渔业资源，所以人工鱼礁是我国海洋牧场建设的主体。因此，人们常常也把人工鱼礁海域称作海洋牧场区或直接简称为海洋牧场。

实际上人工鱼礁投放是海洋牧场建设的一项基础生态工程，即通过投放人工鱼礁来修复和优化海域生态环境，进而诱集和增殖海洋生物资源及渔业资源。如果投放人工鱼礁后，在鱼礁区形成了渔业资源生物的自然群体，或者增加了资源量，并且在鱼礁区或者鱼礁区附近海域开展了渔业生产或休闲旅游活动，就可以称这片海域为海洋牧场。因为我国的多数人工鱼礁海域都有捕捞渔业、休闲渔业的开发利用，因此人工鱼礁海域通常就是海洋牧场。人工鱼礁不是海洋牧场，而人工鱼礁海域是海洋牧场。另外，现在我国海洋牧场的生物栖息地建设还增加了海藻场、海草床以及珊瑚礁、牡蛎礁等生境建设的内容。

4. 海洋牧场建设基本原理是什么？

海洋牧场建设依据的是“生物与环境之间是相互依存相互制约的统一体”的生态学基本原理。生物是环境的产物，环境容量决定生物的资源量。海洋牧场是通过营造或改善鱼、贝类生息场，来吸引、养护和增殖渔业资源的。要建设海洋牧场，首先要搞清楚是为哪些渔业资源生物建设牧场的，即在海里放牧哪些鱼、贝类，然后根据它们的生态特征及行为与环境的关系，利用人工鱼礁、海藻场、海草床等生态工程，营造适宜这些鱼、贝类栖息、索饵、避敌、繁衍的场所，吸引它们前来聚集、生息、繁衍。对一些生命周期较短、价值高的水产品，如海参、鲍以及海胆等，因为捕捞量较大，资源减少得快，要维持其一定的资源量，必须放流苗种，人为补充资源量，待其长大后再捕捞上来，使其可持续生产。在海洋牧场区放流的鱼、贝类苗种数量，是不是越多越好呢？不是的，要考虑育苗成本及投入产出比，要遵循生态平衡的原则；可参考“生态承载力”的估算，确定放流苗种的数量，不可无限量放流，以免对生态造成负面影响。科学地建设海洋牧场，需要海洋学、生态学、生物学、管理学、增养殖学、系统工程学以及生态技术、生物技术、信息技术等科学技术的全面系统支撑。

5.
海洋牧场具有哪些功能与作用？

通过修复或优化海洋生境，提高海域生物承载力和初级生产力，养护和增殖海洋生物资源，以维持资源的可持续产出是海洋牧场的主要功能。

海洋牧场的生态功能具体为：通过建设人工鱼礁可修复生态环境、增加渔业资源；通过修复海草床、海藻场、牡蛎礁和珊瑚礁可提供栖息地、聚集渔业资源、保育仔稚鱼、净化水质、增加碳储存以及消波固堤、抵御台风等自然灾害。

海洋牧场的社会功能具体为：通过设立海洋牧场展览馆、体验馆等场所，提供海洋科普、社会文化教育传承的平台，提高全社会对于海洋保护的关注和认知。此外，开展海洋牧场建设也可通过稳定的渔业资源产出，增加企业的效益，助力地方农村经济的发展。

6.
我国的海洋牧场可分哪些类型？

根据中华人民共和国水产行业标准《海洋牧场分类》（SC/T 9111—2017），海洋牧场按照功能分异原则分为养护型海洋牧场、增殖型海洋牧场和休闲型海洋牧场 3 类。

就某一个海洋牧场而言，其分类的归属可能是单一的，但其分类的属性则可能是多重的。比如，某海域海珍品增殖型海洋牧场，同时也可以增殖或养护一些名特优鱼类，甚至同时增殖一些大型藻类，以求通过藻 - 贝 - 鱼共生、空间立体化协同、营养物质循环利用，实现海洋牧场高质量产出、生态环境绿色发展的目标。

7.
什么是现代化海洋牧场？

现代化海洋牧场是基于海洋生态系统，利用现代科学技术支撑和运用现代管理理论与方法进行管理，最终实现生态健康、资源丰富、产品安全的现代海洋渔业生产方式。

不同于传统的海洋牧场，现代化海洋牧场集海洋生态环境优化、渔业资源养护和产业融合发展于一体，是海洋渔业转型升级和新旧动能转换的重要抓手，具有生态优先性、系统管理性、生物多样性、区间广域性、功能多样性等特征，其建设特点突出体现在理念现代化、装备现代化、技术现代化和管理现代化等方面。一是建设理念现代化：现代化海洋牧场的目标是实现生态健康、资源丰富、产品安全，所以要坚持生态优先，健康的海洋生态

系统是海洋牧场可持续发展的前提；坚持陆海统筹，保持海陆连通性，充分发挥海洋牧场陆域和海域两大部分的功能；坚持人海和谐，形成人海和谐共生的文化根基；坚持功能多元，充分共享海洋牧场作为多元功能综合体的科学、生态、经济和社会价值。二是建设装备现代化：海洋牧场是一项综合工程，在实践过程中要突出工程化；建立从监测、评价、预警、预报到溯源、管理的综合保障体系，实现自动化。三是建设技术现代化：要注重种质保护、聚焦生境修复、利用信息技术、开发清洁能源。四是建设管理现代化：要实现管理的规范化、信息化、智能化、体系化，实现人与海洋的和谐共处。

8.

现代化海洋牧场建设包括哪些技术？

现代化海洋牧场建设包括 8 个方面的技术。(1) 生息场建造技术：包括人工鱼礁建设技术（如选址技术、礁型设计制造技术、投放与布局技术及管理维护等）、海藻场 / 海草床营造技术（如海带、裙带菜藻场营造技术，大叶藻海草床营造技术等）。(2) 苗种生产技术：主要指增殖放流用鱼、贝类苗种的健康繁育技术，以及提高其成活率的相关技术。(3) 增殖放流技术：主要指提高放流后成活率和回捕率的相关技术，包括中间育成技术、行为驯化技术、适地选择技术、放流规格与投放量的确定技术、追迹技术、效果评价技术等。(4)鱼类行为驯化控制技术：包括驯化信号的确定技术，不同鱼、贝类行为的控制技术等。(5) 环境监控技术：主要包括海洋牧场海域的生态环境因子实时在线监测技术、生态环境评估预警技术、生态与生产综合监控技术等。(6) 生态调控技术：包括敌害生物去除及生态补充技术、以生态平衡为目的的生物数量控制技术、水中营养盐类调控技术等。(7) 选择性采捕技术：包括幼鱼幼贝保护型渔具渔法、环境友好型渔具渔法等。(8) 海洋牧场管理方法与技术：包括生态环境和渔业资源综合管理的方法和技术，涉及互联网、物联网、人工智能等高新技术，也包括相关法律法规的制定与实施。上述 8 项主要技术是现代化海洋牧场技术体系中的核心技术要素。针对不同类型的海洋牧场，应根据海域环境和资源现状选择不同的核心技术进行组合构建，以达到海域生态修复与优化、资源养护与增殖的目标。

9.
国内外海洋牧场发展现状如何？

20 世纪 70 年代以来，世界沿海国家把发展海洋牧场作为振兴海洋渔业经济的战略对策。1995 年，国际水生生物资源管理中心公报指出，海洋牧场是最可能极大增加鱼类和贝类产量的渔业方式。据 FAO 统计，已有 64 个沿海国家发展了海洋牧场，资源增殖品种逾 180 个，取得了显著成效。

中国：人工鱼礁的历史可溯源至古代，是世界上最早开发利用鱼礁的国家，早在距今 2000 年左右的春秋战国或汉代的《罧业》中就出现了关于鱼礁的文字。20 世纪 40 年代起，我国学者先后提出“种鱼与开发水上

牧场”和“海洋农牧化”等战略构想。1979 年广西水产厅在北部湾投放了新中国第一个混凝土制的人工鱼礁，拉开了海洋牧场建设的序幕。1984 年人工鱼礁被列入国家经委开发项目，在全国建立了 23 个人工鱼礁试验点。2006 年国家颁布了《中国水生生物资源养护行动纲要》等一系列政策性文件，掀起了大规模建设海洋牧场的热潮。2015 年国家级海洋牧场示范区的创建工作开始，成立了农业农村部海洋牧场建设专家咨询委员会，编制了《国家级海洋牧场示范区建设规划（2017—2025 年）》，出台了《国家级海洋牧场示范区管理工作规范》等管理文件，制定了一批海洋牧场的国家标准、水产行业标准、中国水产学会地方标准和团体标准。截至 2022 年底，农业农村部公布国家级海洋牧场示范区共 8 批 169 个，北起辽宁丹东、南至海南三亚。沿海各省（自治区、直辖市）的国家级海洋牧场示范区，探索放流与投礁相结合、渔业与旅游相整合、生态效益与经济效益相融合的现代海洋牧场发展道路，为我国海洋牧场的发展起到了积极的示范带动作用。

日本：1950 年沉放 10 000 艘小型渔船建设人工鱼礁渔场，1951 年开始用混凝土制作人工鱼礁，1954 年将建设人工鱼礁上升为国家计划，1971 年海洋开发审议会提出“海洋牧场”概念，1975 年颁布《沿岸渔场整修开发法》使海洋牧场建设以法律的形式作为国家政策来实施。20 世纪 70 年代末至 80 年代初，随着日本经济的快速发展和科技的进步，每年大规模投入人工鱼礁、藻礁等，改善海域生态环境，恢复生物资源。1978—1987 年，日本水产厅制定《海洋牧场计划》，拟在日本列岛沿海兴建 5 000 千米的人工鱼礁带，把整个日本沿海建设成为广阔的“海洋牧场”，并建成了世界上第一个海洋牧场——日本黑潮牧场。90 年代初，日本进行音响驯化型海洋牧场研究。近年来，日本的海洋牧场研究开始向深水区域拓展，开展了在超过 100 米水深海域以诱集和增殖中上层鱼类及洄游性鱼类为主的大型、超大型鱼礁的研发及实践。

韩国：1971 年开始在沿海投放人工鱼礁。1982 年曾推进过沿岸牧场化工作，1994—1995 年实施了沿岸渔场牧场化综合开发计划，进行人工鱼礁、增殖放流、渔场环境保护等研究。20 世纪 90 年代中后期韩国制定并实施了《韩国海洋牧场事业的长期发展计划》，以政府为主导，自上而下的制度和技术体系形成产业链并延伸，其可操作性优势和推广应用价值均较为明显。1998 年韩国开始在其南部的庆向南道南岸建造海洋牧场。为了保障海洋牧场建设计划的整体实施，韩国政府将未来 30 余年的时间划分为三个阶段，推行“三步走”战略。以已建成的统营海洋牧场为例，一是成立基金会和管理委员会，明确管理机构、研究机构、实施机构等；二是增殖放流资源，建设海洋牧场；三是后期管理和对建设结果进行分析评估。

美国：1935 年开始在新泽西州建造人工鱼礁。1968 年美国正式提出建设海洋牧场计划，1972 年通过 92-402 号法案以法律形式保障人工鱼礁发展，并开始实施。1974 年在加利福尼亚附近海域通过投放碎石、移植巨藻，建立巨藻森林，取得了一定的生态和经济效益。1980 年通过了在全国沿海建设人工鱼礁的公共法令。1984 年国会通过了国家渔业增殖提案，对人工鱼礁建设进行了规定。1985 年出台《国家人工鱼礁计划》，将人工鱼礁纳入国家发展计划。到 1983 年，美国已建设人工鱼礁区多达 1 200 个，遍布水深 60 米以内的东西沿海、南部墨西哥湾、太平洋的夏威夷岛等海域，投礁材料从废旧汽车扩展到废石油平台、废轮船等。到 2000 年，美国人工鱼礁区达到 2 400 处，带动的垂钓人数高达 1 亿人，直接经济效益 300 亿美元。

10.

我国的海洋牧场建设内容主要包括哪几个方面？

海洋牧场建设应遵循“生态优先、因地制宜、分类施策、功能协调”的基本原则，建设内容包括以下四个方面。第一，必须规划布局。规划布局前，在拟建设海域开展地形地貌、地质、水文、水质、生物资源和

海底沉积物等本底调查，以调查结果及资料为参考，确定选址方案。第二，必须开展生境建设，根据本底调查结果，评估拟建海域生境状况。采用自然恢复和人工建设相结合的方式。建设内容可包括人工鱼礁投放，海草床、海藻场、牡蛎礁和珊瑚礁等生境构建。第三，必须重视资源养护。以经济效益为目的的话，重点通过增殖放流等措施开展工作。增殖型海洋牧场宜选择经济价值高的本地岩礁型物种；养护型海洋牧场宜选择自然种群衰退的物种；休闲型海洋牧场宜选择适于游钓、潜水观光的物种。以生态效益为主要出发点，可以通过调整海洋生物资源配比的方式养护资源。第四，必须加强海洋牧场建设的验收评价和管理维护工作。验收评价宜包括工程验收、调查监测与效果评价。管理维护宜包括渔业资源管理和运行维护。

11.

海洋牧场建设如何发挥固碳增汇作用？

海洋牧场兼具环境保护、资源养护和渔业持续产出功能，也具有固碳增汇的作用。通过人工鱼礁建设实现局部的上升流营造，提升海洋微生物碳泵的固碳效力，人工鱼礁上贝类、藤壶、珊瑚、大型海藻等固着生物生长可增加海洋牧场区域的固碳能力。海洋牧场中的贝藻类增养殖在固碳增汇中发挥的作用尤其重要。大型海藻可以通过光合作用吸收碳以增加碳汇，防止海域富营养化，改善水体和沉积环境，提高浮游植物多样性，稳定浮游生物群落结构。海藻及浮游植物通过吸收营养盐可以提高海区表层海水 pH，降低二氧化碳分压，附近大气二氧化碳向海水中扩散，实现碳汇作用。贝类通过滤食海洋浮游植物，将其体内的碳转化到贝类体内，贝类被采捕后，其吸收的碳则可从海水中被“移除”。除了收获移除途径外，养殖贝类还可通过生物泵和碳酸盐泵从海水中进行碳移除。硬骨鱼类吞饮富含钙、镁离子的海水，通过机体渗透压调节，可从海水中移出大量的碳，形成肠道碳酸盐沉积物，在某种程度上也促进了碳循环和碳汇。海洋牧场水体中颗粒有机碳可通过沉积到海洋底部从而完成碳的固定。在生物资源匮乏的海域，通过海洋牧场建设，贝藻类等海洋生物资源增殖明显，养护效果提升。海洋生物的生长过程与碳循环关系密切，海洋牧场可极大提高建设海域的固碳能力，成为碳汇高地、碳移除地。

二

规划设计

海洋牧场知识
科普问答

Haiyang Muchang Zhishi
Kepu Wenda

1.
海洋牧场规划设计的目的是什么

传统海洋牧场建设内容比较单一，一般仅包含人工鱼礁和增殖放流两项建设内容，但随着科学技术的不断发展，人们对海洋牧场认识不断深入，我国提出了“现代化海洋牧场”的建设目标。现代化海洋牧场是一项包含人工生境建设、资源苗种培育、资源增殖放流、鱼类行为驯化与控制、环境调控、环境监测与预警、资源探测评估及生态采捕、牧场管理等多项内容在内的系统工程，且根据建设目标的不同已经分化出养护型、增殖型、休闲型等不同类型，不同的建设目标、建设类型、对象生物以及不同的自然海域条件均对海洋牧场在哪儿建、建什么、如何建等问题提出了更高的要求，海洋牧场规划设计的目的主要包括：

（1）明确目标。海洋牧场规划是后期开展海洋牧场建设的重要依据，也是制定海洋牧场具体建设方案的主要参考，通过海洋牧场规划来明确在哪儿建、建什么、建设规模大小等关键问题。

（2）规范程序。在海洋牧场建设前，通过调研、调查等方式搜集整理相关资料，在分析海域条件与建设适宜性、建设基础与现状、建设优势、存在问题及解决措施的基础上，对海洋牧场的区域分布、各区域建设类型与目标、总体布局及建设内容、建设方法与步骤、投资及效益分析、保障措施等进行规划，并完成规划文本及规划图集。

（3）因地制宜。要避免建设的盲目性和同质化，就必须针对特定海域条件、具体的建设目标、养护增殖的具体对象物种等选择合适的建设内容及相关设施，明确具体建设步骤和要求。

（4）科学引导。在前期调查调研基础上开展的规划设计能够针对不同的海洋牧场拟建区域提出适宜的建设内容、建设规模，并明确不同建设内容的建设区域，保障各内容间的协调，因此为后续开展海洋牧场建设提供了科学引导，是后续编制海洋牧场详细实施方案的重要依据，也是海洋牧场科学规范建设的重要支撑框架。

2.
海洋牧场规划设计的依据有哪些？

（1）涉海涉渔法律法规的规定，符合国家和地方的海域使用功能区划及海洋经济特别是渔业发展规划等要求。

（2）国家和地方的海洋环境保护要求以及海域使用的排他性要求，要与海洋生态“红线管控”要求相符合，与水利、海上开采、航道、港区、锚地、通航密集、倾废区、海底管线及其他海洋工程设施、保护区和国防用海等排他性功能区划不相冲突。

（3）技术标准的规定，符合国家和地方海洋牧场技术标准的要求，如《海洋牧场建设技术指南》《人工鱼礁建设技术规范》等。

（4）海洋环境影响，符合海洋工程环境影响评价技术导则（GB/T 19485—2014）中对海洋工程环境影响基本要求。

（5）国家双碳目标的达成，在规划设计中充分挖掘海洋牧场建设中的渔业碳汇功能，利用海洋牧场的水产生物乃至相关设施建设中的碳封存、碳移除能力，推动国家碳达峰与碳中和目标的达成。

3.
海洋牧场规划设计的程序一般包括哪些重要环节？

海洋牧场规划设计的程序一般包括资料收集、规划设计和成果确定等环节。

（1）资料收集。在进行海洋牧场建设规划设计前，应通过查阅资料和现场调研等多种方式搜集整理规划设计应具备的相关基础资料。为体现规划设计的科学性和时效性，相关基础资料以过去 3 ～ 5 年内资料为宜。所需的基础资料应包括拟建海洋牧场所在地的海域自然条件、社会经济发展情况、法律法规及管理规定、开发利用现状等几方面的内容。具体内容包括海域本底情况，如水文、水质、底质、地形地貌和生物资源等；社会经济以及渔业发展状况，如渔业产量、产值和经济占比等；国家法律法规及行业管理规定，如海域使用管理法、渔业管理规定和相关规划等；已建海洋牧场的有关资料，如海洋牧场现有的范围、已建设规模和开发利用情况等。

（2）规划设计。在进行海洋牧场建设规划设计时，应对海洋牧场规划建设目标、建设类型、总体布局、建设内容、建设规模、工程技术和经济指标等进行分析论证和科学设计。建设目标要对目标定量标准和完成目标

途径进行规定；建设类型要根据不同类型的主体功能进行界定；总体布局要明确各功能区的分布和所需的构建设施；建设内容和规模要确定各功能区拟建设施的具体内容和规模大小；工程技术和经济指标要对拟建工程和设施进行详细的技术和经济比较，并确定建设方案，明确投资和效益。

（3）成果确定。要按照海洋牧场建设规划设计的相关要求，提供一套完整合规的规划设计成果，包括设计说明书、投资估算和设计图纸等。

4.
海洋牧场规划设计包括哪些内容？

（1）选址。海洋牧场所在海域原则上应是重要渔业水域，对渔业生态环境和渔业资源养护具有重要作用，具有区域特色和较强代表性；选址直接影响着海洋牧场的建设效果，应予以重视，严格遵循以下原则展开工作。第一，保证所选海域合理合法，符合国家相关规定，避开海洋倾倒区、海底管道、海底电缆、海洋工程设施和军事设施、港口、油气田、通讯及航道锚地等海域。第二，所选海域的环境应满足海洋牧场的建设需求，地质、地势等条件良好，确保海底地势平缓，最好不存在涌流与淤积问题。第三，水质检测应合格，现阶段与未来不存在污染的可能性。第四，经济鱼类的洄游通道或栖息地、产卵繁育场优先。第五，方便建设与运营，降低建设成本，提高经济收益。第六，综合考虑未来可能出现的情况，留有一定的发展空间。

海洋牧场选址是海洋牧场建设是否可行的关键，是一个复杂的基于目标的决策过程，需要从自然环境（气候气象、自然灾害、水文条件等）、生态环境（水质、沉积物、生态环境、渔业资源等）、物理环境（水深、地形、地质承载力、海底坡度等）和社会管理环境（是否符合海岸带空间规划、“生态红线”、水域滩涂规划等，与污染源、航道锚地及码头等的距离）等方面进行现场调查或者收集资料，综合分析后进行科学判断。

（2）规划。海洋牧场规划的内容主要包括区域分布、建设目标、建设类型、建设规模、总体布局、主要建设内容、建设方法与步骤、投资估算及效益分析、保障措施等。

“区域分布”主要是在前期自然条件、海域使用管理规定、社会经济发展条件等分析基础上，筛选出海洋牧场建设的适宜区域，并绘制区域分布图。

“建设目标”主要对目标定量标准、完成目标途径等方面进行规定，指明建设方向。建设目标需要根据各海洋牧场建设类型的不同来综合确定。养护型海洋牧场以保护和修复生态环境、养护渔业资源或濒危物种为主要目标，增殖型海洋牧场以增殖渔业资源和产出渔获物为主要目标，休闲型海洋牧场以休闲垂钓和渔业观光为主要目标。

“建设类型”根据不同类型的主体功能进行界定。

“建设规模”可根据建设区域大小、自然条件、投资情况等综合确定。

“总体布局”主要明确各功能区的分布及所需构建设施，海洋牧场功能区的划分宜综合考虑海域内的本底环境条件、对象生物行为特征、功能区生态定位以及开发利用现状。可根据功能差异分为人工鱼礁区、海草床区、海藻场区、增殖放流区、资源培育区、休闲娱乐区等，依据具体情况一些功能区可重叠。

“主要建设内容”根据拟建区域的自然环境和资源条件进行选择，如人工生息场建设（人工鱼礁、人工藻场、海草床等）、增殖放流、鱼类音响驯化设施、信息化和智能化建设监测系统等。

（3）设计。海洋牧场设计的内容主要包括人工鱼礁等生息场建设设施及建设方法、生物群落构建方法及对象物种的选择、鱼类行为驯化与控制方法及设施、环境资源监测系统、采捕网具及采捕方案、牧场管理的方法及管理体系、牧场后期运营方式及产业延伸内容等，并明确各项设计内容的具体要求，主要明确各功能区及设施的区域选择、建设方式、规模布局等。

生息场构建设施及建设方法的设计需要明确构建设施的材质、结构尺寸等，如人工鱼礁设施需明确人工鱼礁材料、结构、尺寸、制作及投放方法、具体配置、布局结构等；其他生息场如海藻场、海草床等建设方法需明确建设方式、具体建设步骤及具体要求。

生物群落构建方法及对象物种的选择主要明确具体的增殖物种，放流或养护的区域、方法、时间等各项参数，特别是多品种搭配时的具体设计。

鱼类行为驯化与控制方法及设施需要明确增殖物种的行为控制方法、驯化设施的性能要求及结构等。

环境资源监测系统需明确系统组成、仪器设备等的具体性能要求等。

采捕网具及采捕方案的设计需明确牧场资源采捕方式、采捕可使用的网具类型、网目尺寸等，以及生产过程中的具体采捕方案。

牧场管理的方法及管理体系包括牧场管理人员安排、分工、日常管理内容及具体要求等。

牧场后期运营方式及产业延伸内容主要明确牧场后期运营过程中除了日常采捕外的休闲渔业、深加工等产业链延伸的具体内容及要求。

5.
海洋牧场规划设计的承担单位有什么要求？

海洋牧场规划设计的承担单位应为中华人民共和国境内注册的高校、科研院所和企业等独立法人单位。其中，海洋牧场规划单位应熟悉海洋牧场建设相关工作，有海洋牧场研究、建设经历。海洋牧场设计单位应具有工程设计农林行业（渔港/渔业工程）专业乙级及以上资质（或者全资下属公司具备上述工程咨询或工程设计资质）。

6.
如何对养护型海洋牧场开展规划设计？

养护型海洋牧场主要根据养护型生境修复、渔业资源养护，珊瑚礁、海藻场、海草床等典型生境扩展，监测系统和管理平台配套需要等进行设计。其规划设计注意事项主要包括：(1) 生境修复设计应充分考虑人工鱼礁等生态修复设施的布局、规模、布置、材料、制造、运输、投放、维护、投资等内容的要求；(2) 渔业资源养护设计需从增殖放流种类、规格、放流密度和时间、驯化培育、运输投放、养护管护等方面进行规定；(3) 宜选择海域环境噪声影响小、便于管理的近岸海域建设音响驯化区，并根据对象鱼种的听觉特性及环境噪声特性确定驯化声音的各项参数和具体方案等；(4) 珊瑚礁、海藻场和海草床等典型生境的建设需充分考虑拟建区域的自然条件、苗种来源、建设方法、人类活动强度和类型、敌害生物等因素；(5) 宜配备环境监测系统、海上管理平台等监管设施，对海洋牧场区域的基础环境要素进行在线监测；(6) 生物监测宜采用视频监测的方法进行，有条件的可设计建设包括数据采集、分析、传输、垂钓、牧场管护等功能的管理平台。

7.
如何对增殖型海洋牧场开展规划设计？

增殖型海洋牧场主要根据增殖型生境修复、主要对象生物的生态习性、生态增养殖方式及设施和生态渔业休闲体验设施建设需要等进行设计。其规划设计主要注意事项包括：(1)生境修复设施设计应充分考虑设施的种类、规格、设置地点及设置方式、布局、投资等；(2)增养殖设计应充分考虑增养殖区域、种类、规模、规格、密度、管护、采捕策略、采捕网具、采捕方式、采捕时间、计划采捕数量等，并根据资源增殖情况对采捕的规格及数量作出规定，应不损伤对象生物种群的自然恢复能力；(3)配套设施建设一般包括健康苗种繁育中心、产品加工中心、物流配送中心、各类建设生产船只的建设等，宜根据建设目标及功能，选择配套设施建设内容，明确配套设施建设的时间、地点、布局、建设投资主体、建设步骤、维护管理等。

8.
如何对休闲型海洋牧场开展规划设计？

休闲型海洋牧场主要根据休闲型生境营造（如景观人工鱼礁建设）、休闲渔业设施配置需要等进行设计。其规划设计注意事项主要包括：（1）生境修复设施的布局、规模、布置、材料、制造、运输、投放、维护、投资等内容应结合渔业资源养护和潜水景观建设等进行设计；（2）需根据台风、浮冰等影响情况合理规划休闲垂钓区，并根据垂钓区域大小、鱼类增殖规模、服务设施等规划休闲垂钓设施，且对平台材质、规格、接待能力等作出具体要求；（3）离岸较远的垂钓区可规划休闲垂钓船队，并规划船只的数量、材质、马力、载客量、航行能力等，同时应规划相应的停泊码头等陆地配套设施；（4）垂钓鱼类的规划应以资源调查评估为依据，不损害种群的自然恢复能力，满足可持续开发利用的需求。

三 生境构建

1.
什么是海洋牧场生境构建？

生境是物种或物种群体赖以生存的生态环境。海洋牧场生境构建是指依据鱼、贝类等渔业资源生物的生态环境特征，建设其生息场的过程。

建设海洋牧场，首先要进行生境构建，即鱼、贝类等资源生物的生息场的建设，以吸引鱼、贝类或人工放流的鱼、贝类种苗，使它们聚集在生息场自然地生息和繁衍，从而养护和增殖渔业资源。如在北方海域建设海参、海胆、鲍等海珍品海洋牧场，首先要建设海珍品生息场，因为这些海珍品生物喜欢在有岩礁和海藻场的海底生活，所以给它们建设生息场，就要在海底投放它们喜欢居住和活动的人工鱼礁——海珍品增殖礁和人工藻礁，营造或扩建它们的生息场。生息场建成后，海参、海胆、鲍及喜欢在岩礁和海藻场里生活的鱼、贝类会自动聚集到生息场，它们自然繁育、成长，资源量会逐年增加，等它们长到商品规格后，就可以捕捞上来进入市场供人们食用了。不同的鱼、贝类，其生境不完全相同，有许多鱼、贝类的不同生命阶段其生境也不一样，要考虑鱼、贝类生命过程的生态环境特征，构建海洋牧场的生境。

2.
海洋牧场生境构建的内容与过程包括哪些？

我国的海洋牧场生境构建内容主要有：（1）人工鱼礁建设；（2）海藻场、海草床建设；（3）珊瑚礁建设；（4）牡蛎礁建设等。海洋牧场生境构建过程包括：（1）环境及与资源的调查与评估；（2）生息场的规划设计；（3）生息场的营造或扩建；（4）资源与环境的跟踪调查与评估；（5）生息场与资源的管理。

海洋牧场生境的构建，是在海洋里为鱼、贝类等渔业资源生物建设生息场，目的是给鱼、贝类等提供生活、栖息的场所，使它们能够自由地聚集、活动、成长、繁衍。一方面，渔业资源生物种类繁多，其生活环境也多种多样，有的生物在其不同的生命阶段，其栖息的环境也不完全一样；另一方面，在同一生息场中，也会有多种类

的资源生物在同一空间生活、成长、繁育，它们相互之间的关系，或是相互依赖的共生关系，或是相互争夺领地、饵料的竞争关系，或是捕食者和被捕食者的敌对关系。在建设海洋牧场生息场时，要充分考虑渔业资源生物的生态习性和栖息地的环境特征，科学、合理地利用人工鱼礁、海藻场、海草床、牡蛎礁、珊瑚礁等建设它们的生息场，使它们能够从小到大都能得到有效的保护，持续增殖资源。生息场建设要严格按照海洋牧场生境构建的过程要求进行，要科学、有序、合规，这样才能使生息场充分发挥作用，产生事半功倍的生态效益。

（一）人工鱼礁

1. 什么是人工鱼礁？

人工鱼礁是用于修复和优化海域生态环境，建设海洋水生生物生息场的人工设施。中国对类似人工鱼礁的认识可以追溯到晋代前，后来到 18 世纪的清朝中叶，一些渔民开始在海中投放石头、旧船等人工构造物，吸引鱼类后捕捞，形成了传统的“杂挠”和“打红鱼梗”作业，这些都是原始态的“人工鱼礁”，目的都是诱集鱼类聚而捕之。

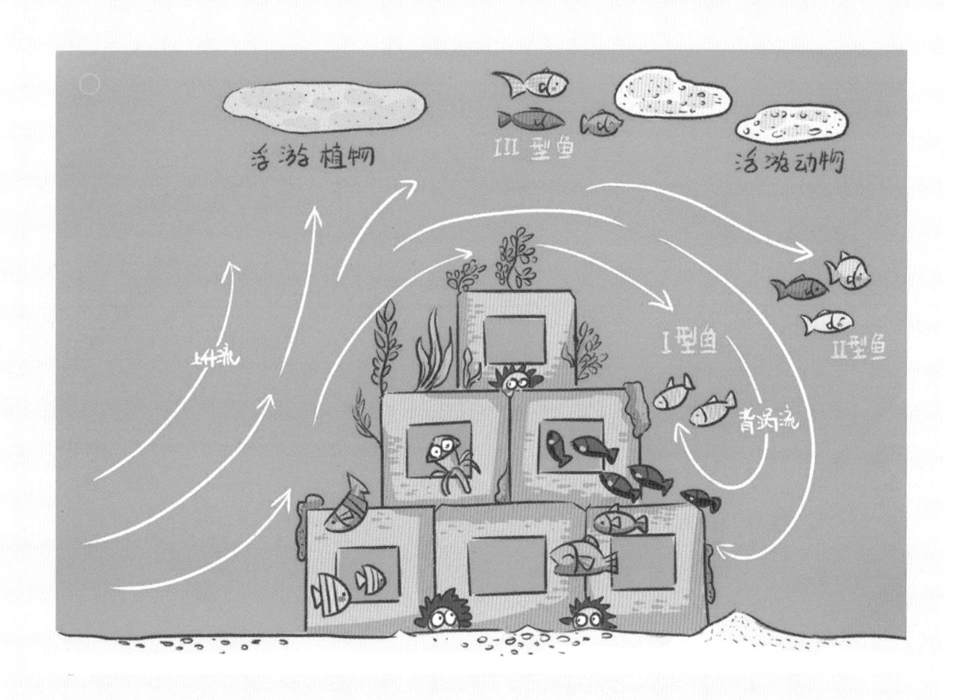

将人工鱼礁作为增殖和养护渔业资源的人工设施则始于近代。日本 1952 年开始把人工鱼礁作为沿岸渔业振兴政策纳入国家事业，进入 20 世纪 70 年代以后，开始了大规模的沿岸整治工程。而我国开展人工鱼礁建设实践则于 1979 年始于广西北部湾，后来全国沿海陆续开展了人工鱼礁建设和研究，人工鱼礁建设海域的生态环境得到了改善，鱼、贝类资源明显增多。

人工鱼礁多为中空的各种形状的结构体或者石块的海底堆砌，因此人工鱼礁的单位用“空立方米（空 m^3）”（简称“空方”）表示，即鱼礁外部结构几何面轮廓所包围的体积；用石块投到海底后形成的石料礁的单位用“立方米（m^3）”表示。按照规模的不同，鱼礁可分为单体鱼礁、单位鱼礁、鱼礁群、鱼礁带等，详见下表。

序号	鱼礁规模划分	具体组成
1	单体鱼礁	构成单位鱼礁的小型个体礁
2	单位鱼礁	由一个或者多个单体鱼礁组成的鱼礁集合
3	鱼礁群	单位鱼礁的有序集合
4	鱼礁带	两个和两个以上鱼礁群构成的带状鱼礁群的有序集合

2.
人工鱼礁如何分类?

人工鱼礁的种类繁多，有不同的分类方法，见下表。

序号	分类依据	具体类型
1	外部轮廓形状	矩形礁、梯形礁、柱形礁、球形礁、锥形礁等
2	建礁材料	混凝土礁、石材礁、钢材礁、玻璃钢礁、木质礁、贝壳礁、旧船改造礁等
3	设置水层	底鱼礁、中层鱼礁、浮鱼礁等
4	主要生态功能	集鱼礁、养护礁、滞留礁、产卵礁等
5	主要对象生物	海珍品礁、藻礁、牡蛎礁、珊瑚礁等
6	单体鱼礁规格	小型鱼礁、中型鱼礁、大型鱼礁
7	主要建设目的	休闲型鱼礁、渔获型鱼礁、增殖型鱼礁、资源保护型鱼礁等
8	鱼礁建设规模	单体鱼礁、单位鱼礁、鱼礁群、鱼礁带

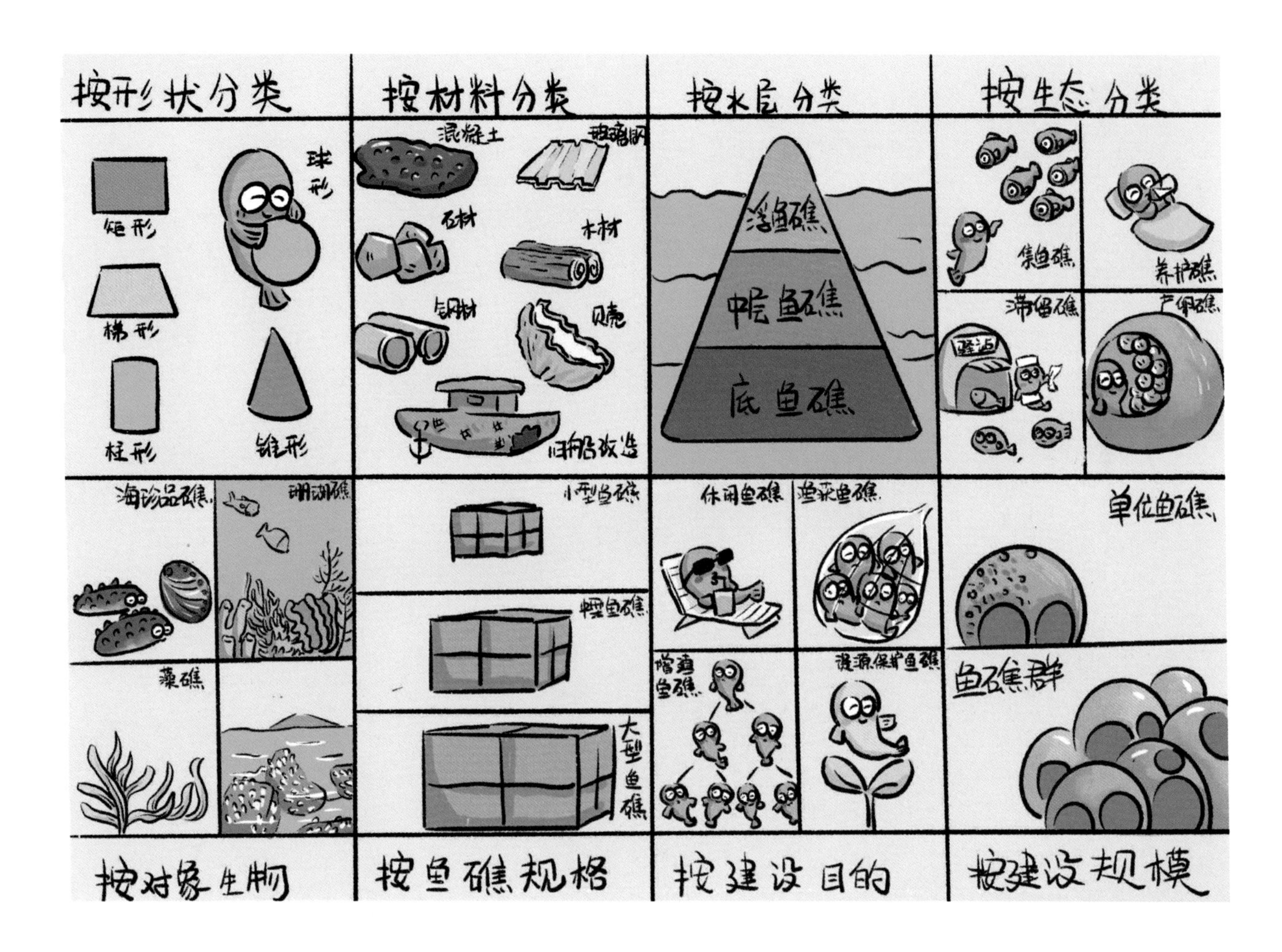

按形状分类
矩形
球形
梯形
柱形
锥形
按材料分类
混凝土
玻璃钢
石材
木材
钢材
贝壳
旧船改造
按水层分类
浮鱼礁
中层鱼礁
底鱼礁
按生态分类
集鱼礁
养护礁
滞留礁
驿站
产卵礁
海珍品礁
珊瑚礁
藻礁
按对象生物
小型鱼礁
中型鱼礁
大型鱼礁
按鱼礁规格
休闲鱼礁
渔获鱼礁
增殖鱼礁
资源保护鱼礁
按建设目的
单位鱼礁
鱼礁群
按建设规模

3.
人工鱼礁有哪些功能？

（1）生态功能， 即人工鱼礁的投放会引起鱼礁周围非生物环境和生物环境的改变和优化。

首先，非生物环境发生变化：①鱼礁对其周围以及内部的流速流态直接产生影响，由于鱼礁周围流速的变化，产生“冲淤”现象，即鱼礁根部流速较快区域的细沙土被移出，使鱼礁周围的底质变粗，被移出的细沙土又在流速减弱处堆积，从而引起局部海底形态的改变。②海域中设置鱼礁后，周围光、味、音环境(即光场、声场、味场）也发生变化。鱼礁周围形成光学阴影；鱼礁溶出物、鱼礁上及周围的生物所产生的分泌物、有机分子的扩散，直接影响鱼礁下流方向的味环境；鱼礁受到流的冲击所产生的固有振动和附着在鱼礁上的生物以及聚集在周围的生物发声，可传达到离礁几百米远的地方。

其次，非生物环境的变化又引起了生物环境的变化，鱼礁投放后形成的多样化的礁区物理环境，为不同的海洋生物提供了附着、避敌、产卵、索饵、栖息等场所：①鱼礁投放后形成的上升流，将海底深层的营养盐类带到光照充足的上层，促进了浮游生物繁殖，提高了海洋初级生产力。②附着生物开始在鱼礁表面着生，鱼礁上的附着藻类等可以起到优化水环境的功能，鱼礁周围的底栖生物和浮游生物的种类、数量、分布发生变化。③大量鱼类开始聚集在鱼礁区域，渔业资源量增多，形成鱼、贝类等海洋生物聚集的人工生息场。人工鱼礁投放对海洋生态环境与海洋生物资源的双重驱动作用，使其具有显著的生态服务功能。

（2）禁渔作用。在禁渔区内投放人工鱼礁，能有效防止拖网、围网等渔船对鱼类的毁灭性捕捞，起到了禁渔及保护渔业资源的目的，在一定程度上起到了渔业管理的功能。

（3）促进渔旅深度融合。在一些特定的海域投放人工鱼礁可以发展休闲垂钓和观光旅游业，为海洋生态旅游增添新的特色。

4.
人工鱼礁为什么能诱集增殖鱼类资源？

（1）鱼的本能。鱼礁是鱼类隐蔽的场所、休息的场所、逃避敌害的场所。对于岩礁性和恋礁型鱼类来说，在鱼礁内部或周围栖息是其本身的生态习性。

（2）诱引刺激。① 饵料效果：鱼礁的投放可以为附着生物提供附着基质，同时引起浮游生物增多，从而为鱼类等提供了饵料。② 阴影效果：鱼礁的投放可以在鱼礁内部和周围产生光学阴影，对于鱼类的栖息避敌起到一定作用。③ 涡流效果：鱼礁投放改变了鱼礁周围的流速和流态，鱼礁背流区会形成背涡流，有利于鱼类的栖息。④ 视觉刺激效果：鱼礁能够为部分鱼类提供定位的物标。⑤ 音响效果：鱼礁投放后由潮流引起的震动音、由涡流引起的声音、附着生物发出的声音、鱼贝类（饵料）发出的声音、同种及近缘种在鱼礁附近的捕食音等

声音可以对听觉敏感的鱼类起到一定的诱引刺激。⑥ 嗅觉、味觉效果：鱼礁投放后在鱼礁上的附着生物分泌的有机物、饵料生物分泌的有机物、同种及近缘种鱼类产生的有机物都会产生一定的气味，从而诱集鱼类到鱼礁周围。

5.
人工鱼礁周围的海洋生物如何按照位置关系分类？

根据鱼类经常性活动范围与鱼礁的相对位置，生活在鱼礁群内外的鱼类分布大致可分为 3 种类型：

Ⅰ型生物（定居型生物），即身体的部分或大部分接触鱼礁的鱼类或其他海洋动物等，如六线鱼、褐菖鲉、龙虾、蟹、海参、海胆、鲍等。

Ⅱ型生物（恋礁型生物），即身体接近但不接触鱼礁，经常在鱼礁周围游泳或在鱼礁周围海底栖息的鱼类及其他海洋动物等，如真鲷、石斑鱼、许氏平鲉等。

Ⅲ型生物（滞留型生物），即身体离开鱼礁，在表层、中层游泳的鱼类及其他海洋动物，如鲐、黄条鰤、鱿鱼等。

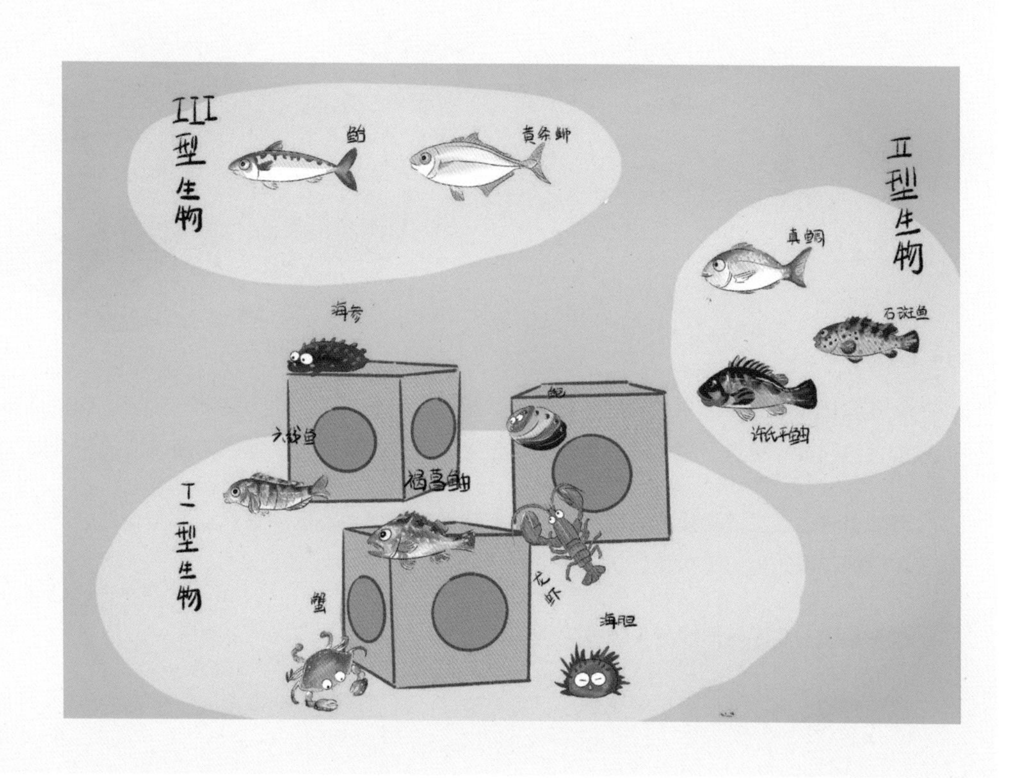

6.
人工鱼礁建设如何选址？

人工鱼礁投放是一项永久性的基本建设，礁体一旦投下，就难以变动。因此，礁址选择是决定人工鱼礁建设成败的关键因素，不是沿海水域都适合于建设人工鱼礁。建设人工鱼礁的海域应该符合以下要求：

基本条件：人工鱼礁投放海域应符合国家和地方海洋功能区划与渔业发展规划，避免人工鱼礁建设与其他海洋工程设施和国防用海等功能区划相冲突。

地形地貌：海底地形坡度平缓或平坦的海域。

底质环境：泥沙淤积少、硬质海底，具有足够的地基承载力，满足人工鱼礁的稳定性和抗淤性。

物理化学：①水深适宜，能够满足增殖礁、产卵礁、集鱼礁、游钓礁或藻礁等建设要求，可以投放人工鱼礁的适宜水深在 6 ~ 60 米；②水质符合国家二类海水水质标准；③沉积物符合一类沉积物标准；④水流适宜，一般应以最大流速不能使鱼礁移动或倾倒为宜。

生物环境：具备渔业资源较好的本底条件，浮游生物丰富、初级生产力较高，适合对象生物的栖息、生长和繁育。

其他条件：距离渔业港口（或码头）较近，有利于开发海上垂钓和海上观光，力求与海洋生态旅游和休闲渔业相结合。不应在海洋倾倒区、陆地排污口及其附近投放人工鱼礁；不宜在强风、大浪频发海域投放人工鱼礁。

总之，在建设人工鱼礁前，应对拟投放人工鱼礁水域进行本底调查，评估调查结果，选择适宜海域。

7.
人工鱼礁如何科学布局？

鱼礁区的布局是否合理对人工鱼礁建设效果会产生很大的影响。不同类型的鱼礁其布局也各不相同，人工鱼礁的布局应依据海区范围、水深、流场、礁体类型、鱼礁规模、对象生物等因素综合分析后确定。例如，海参礁适宜投放在藻类茂密区的周围；游钓型鱼礁则要分散设置，避免游客聚集性垂钓；增殖型鱼礁需要密集投放，鱼礁要一组一组地分布在鱼礁区；渔获型鱼礁采取带状排列，即鱼礁带式布局，一组一组地连绵长达 1 ~ 2 海里。如果投放规模较大，可作多行排列，行间距最少 1 千米，为捕捞渔船作业留出空间。带状排列散布的范围广，鱼礁数量多，能诱集更多的鱼类。

鱼礁群的设置方向宜与海流方向交叉，这样能够阻碍潮流运动而产生特殊的涡流流场，从而滞留更多鱼类。多数鱼类喜欢栖息于涡流中的缓和区，涡流也会使浮游生物和甲壳类聚集。

合理的鱼礁间距能扩大渔场的面积和鱼群的诱集范围，延长鱼群滞留的时间，增加资源量和渔船容纳量，从而能提高鱼礁经济效益。适宜的鱼礁间距应从礁区环境、生物特性、资源量、鱼道、渔具渔法等多方面加以综合考虑确定。一般来说，单位鱼礁渔场投放的是小型鱼礁，分散设置对底层鱼类较为有利，但也不能过于分散，否则会降低鱼礁效果，一般是鱼礁在海底投影面积的 20 倍以内。对于鱼礁群渔场，因鱼礁群是由若干个单位鱼礁组成，而单位鱼礁的渔获有效范围为 200（Ⅰ、Ⅱ型生物）~ 300（Ⅲ型生物）米，所以单位鱼礁与单位鱼礁之间的距离应为 400（Ⅰ、Ⅱ型生物）~ 600（Ⅲ型生物）米。一般认为 2 个鱼礁群的间距在 1 000 ~ 1 500 米，可使 2 个鱼礁群起到优势互补的作用。

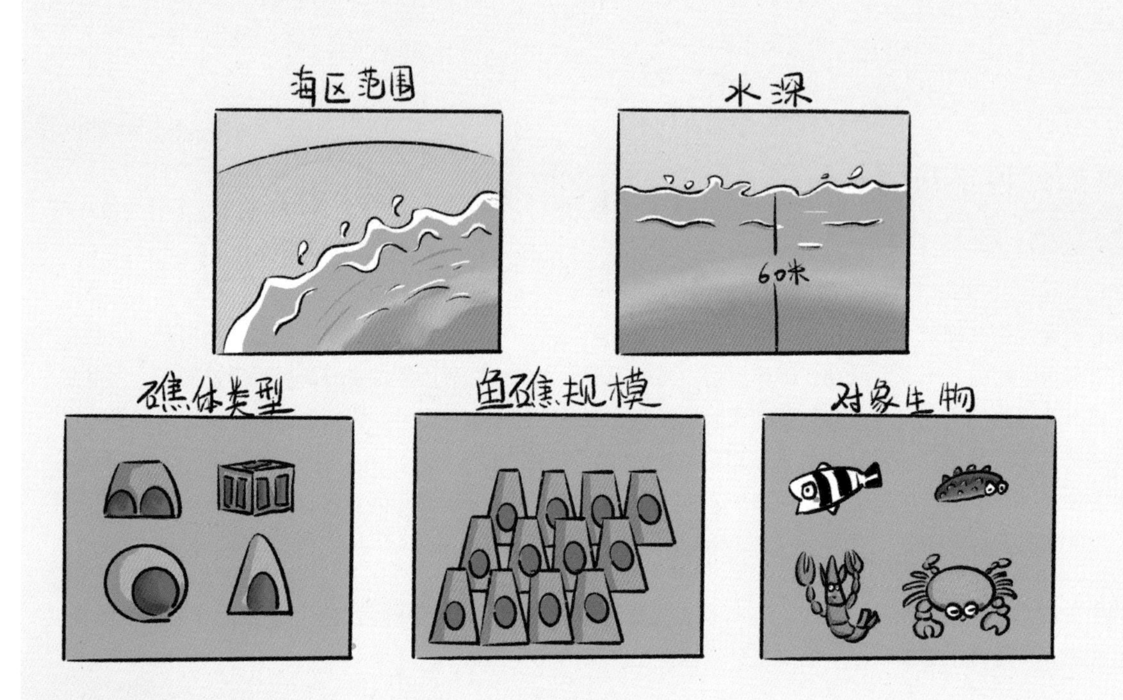

8.
制作人工鱼礁的材料有哪些？

人工鱼礁的制作材料是鱼礁设计中必须考虑的因素之一。随着社会发展和科学技术的进步，原始的材料逐渐被新材料所取代，天然材料逐渐被人造材料取代，工业废旧料用于人工鱼礁建造的越来越多。材料种类多样化，不仅有硬质材料，还有软质材料、化学材料、组合材料等。人工鱼礁材料的选择会直接影响到鱼礁建设的投资成本和建设效果。

能制作人工鱼礁的材料很多，如竹、木、石块、贝壳、混凝土、钢材、玄武岩纤维、粉煤灰、钢渣、经安全处理的废弃物（主要有废旧船体、废旧混凝土构件、废旧平台）等。作为鱼礁材料，要有足够强度，能在海中保持鱼礁空间的力学性质，并对海洋生物没有不良影响。鱼礁材料的选择应符合下表中的要求。

材料性能	性能描述
功能性	能适宜鱼类等海洋生物的聚集、栖息、繁殖，起到养护作用；能与渔具渔法相适应
安全性	礁体在运输、投放过程中，不因外力而损坏、变形；设置海底后不因波浪、潮流的冲击而损坏、移动、倾覆或埋没；材料不能溶出有害物质而对海洋生物或海洋环境造成损害
耐久性	鱼礁结构在海中要长期保持预定的形状，使用年限长（混凝土结构鱼礁耐用年限应在 30 年以上）
经济性	材料价格要便宜，制作（组装）和投放方便
供应性	材料来源广泛、供应充足稳定

目前我国使用较多的是混凝土材料。混凝土材料具有耐久、环保的特点，是一种理想的人工鱼礁材料。混凝土施工制作容易，可做成各种形状，强度好，用它制作的鱼礁，经不同海域使用调查，证明效果良好。

9.
人工鱼礁单体设计要考虑哪些因素？

人工鱼礁单体是用于建造鱼礁场的单个构造物，是构成单位鱼礁的最基本单位。人工鱼礁单体的形状多种多样、大小和材质也不同，其结构必须具备良好的流场效应、生物效应和避敌效应，能实现诱集鱼类、增殖渔业资源的功能。设计鱼礁单体结构时通常要考虑：（1）空隙通水透光，适宜生物栖息；（2）亲鱼和幼鱼共同栖息，幼鱼得到保护；（3）成为光和流场等物理刺激的发生源；（4）单体结构形状或组合结构形状牢靠，不易离散；（5）适宜使用特定的渔具并能限制使用破坏性渔具。

一般来说，对于不同活动水层的鱼类应作不同的考虑。对于表层鱼类，要能够产生光和流影，使鱼在远处便感觉鱼礁的存在，对鱼礁结构不要求复杂，但要有一定的大小；对于中、底层游泳性鱼类，空间部分要大一些；对于底栖鱼类，要能保持大小为鱼体若干倍的复杂空间结构；对于幼（稚）鱼，应采用复杂多角结构，以便鱼防备敌害而隐藏。另外，鱼礁的结构设计取决于鱼类的趋性。对于以鱼礁作为栖息场的鱼种来说，鱼礁的空隙是非常重要的条件。所以，鱼礁的结构以中空型式为主，通常希望空隙率越大越好。

10.
人工鱼礁礁体制作的基本要求是什么？

（1）严格按照礁体的设计标准，对钢筋质量、水泥标号、砂和石子规格等进行核查，确保原材料质量。对模具规格、平整度等进行核查，确保礁体制作质量。

（2）浇筑混凝土前，检查模板安装、支架钢筋和预埋件的正确性。清理垫层、模板内的泥土、垃圾、木屑、积水和钢筋上的油污等杂物，修补嵌填模板缝隙，加固好模板支撑，以防漏浆。

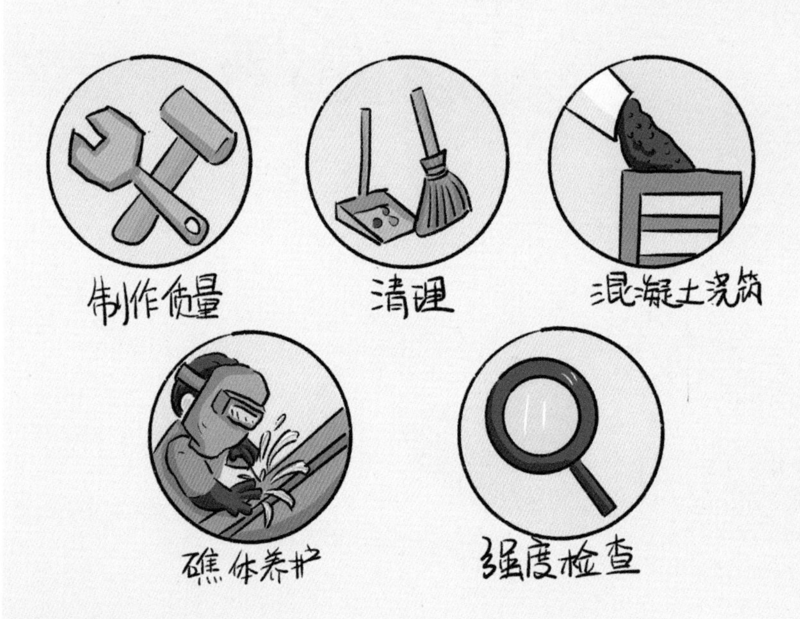

（3）混凝土浇筑，礁体整体制作，一次成型。礁体每一侧面制作平整，不得发生倾斜；水泥浇筑时要用振动棒振动、浇实，不得有空隙。

（4）礁体养护，混凝土浇筑完毕后应及时加以覆盖，结硬后保温养护 10 天以上。加挂钢筋所涉的钢筋焊接均应采用双面搭接满焊，焊接质量应符合钢筋混凝土施工规范中对钢筋焊接的施工要求。

（5）礁体强度检查，每一批次礁体制作完成并养护好后，应进行礁体的强度检查，达到设计强度要求的方可进行投放。

11. 如何进行人工鱼礁的准确投放？

为了将人工鱼礁准确投放至预定位置，投礁前要做好三个方面的充分准备。

（1）投礁前需要在礁区选定好位置，并在礁区的四周设置好浮标，以便投礁船到达后能够迅速开展工作。

（2）选在平流时投放礁体，最大限度减少潮流对投放精度的影响。

（3）采用卫星定位系统定位，将设计投放位置的经纬度输入定位系统，并考虑船体长度、风、流等对位置偏差的影响。

人工鱼礁的投放方法可根据海区条件、投礁设备、礁体大小、礁体材料及强度、投放水深、风向风速、流向流速、鱼礁布局等因素确定。一般有以下 3 种投礁方法：

（1）船台直接投放。从船台上直接将礁体投放，让礁体自由下沉着底。其特点是投礁方便、快速，但礁体

与海底冲击时易被损坏，投放分散。分散程度与礁体的形状、结构和重量，以及水深、流速、投礁姿态有关。

（2）吊机起吊投放。利用起吊机械把礁体吊起，从海面一直吊至海底，然后才脱钩。其特点是投礁位置准确度高，鱼礁不易损坏，但投放难度增大，在流速大时同样产生偏离。

（3）进水自由投放。对于船体礁，先将礁体拖至预定位置，打开船底进水孔，让船体礁进水后自由下沉着底。其特点是适合投放废旧船体礁、混凝土船体礁，位置准确度较高，但与海底冲击力较大。

人工鱼礁投放完毕后，应清除浮标等所有的临时设施。整理礁体投放结果（礁体的实际投放位置及编号），并绘制礁型示意图、礁体平面布局图。

12.
如何防止人工鱼礁倾覆或沉没？

一是投放人工鱼礁前，通过对拟投放海域的本底调查得出海域的海流和底质类型，一般要求海域底质较硬，最好是硬质泥沙，无淤泥，能够支撑礁体的重量，使礁体保持位置不变和结构完整，并避免投放后陷入海底；同时要求海底地形较为平缓。选择人工鱼礁前，进行鱼礁的抗滑移和抗翻滚计算模拟，达到标准后方可选用。

二是对于一些底质较软的海域，可采用增大鱼礁底座面积和高度的方法来防止鱼礁倾覆或沉没。

三是在进行人工鱼礁投放时，采用合适的投礁方法。有必要在设计鱼礁时先了解当地的投礁设备，可以采用潜水员辅助等措施提高鱼礁投放精度，防止其倾覆或沉没。另外，要注意鱼礁投放时对海底的冲击力，以免礁体结构受到损坏。

13.
如何进行人工鱼礁资源调查？

人工鱼礁资源调查是指对人工鱼礁区和对照区海域进行的以掌握环境、生物和生态系统功能等状况为目的的调查，包括建礁前的本底调查和建礁后的效果调查。效果调查与本底调查的调查站位、调查季节和调查内容相对应，相对于本底调查，增加环境要素中的人工鱼礁状态潜水调查，增加生物要素中的附着生物采样调查、游泳动物水下观测调查。

调查内容包括：环境要素调查（水文、水体化学和表层沉积物，海底地形地貌、海底工程地质和人工鱼礁状态）、生物要素调查（叶绿素、微生物、浮游植物、浮游动物、鱼卵及仔稚鱼、底栖生物、附着生物、游泳生物）、生态系统功能要素调查（初级生产功能、次级生产功能和细菌生产功能等）和渔业生产要素调查（各类渔业生产方式的努力量、渔获量、单位努力量渔获量、产值和成本等渔业生产信息及进行种群数量评估所需的生物学数据）。

调查主要方法：（1）水文、水体化学和表层沉积物等环境要素利用采样测定的方法进行调查；海底地形地貌采用单波束测深、多波束测深、侧扫声呐测量、浅地层剖面测量等方法调查；海底工程地质采用浅地层剖面探测、海底钻探等方法调查；人工鱼礁状态采用多波束测深、侧扫声呐测量和水下观测等方法调查。（2）叶绿素、微生物、浮游植物、浮游动物、鱼卵及仔稚鱼、底栖生物等生物要素利用采样测定的方法进行调查；游泳生物可根据当地常见捕捞方式选用拖网、张网、刺网、钓具或者笼壶等渔具进行系统试捕，渔业资源声学与试捕结合，水下观测等方法调查。（3）渔业生产要素采用走访渔业主管部门、收集渔业生产统计资料和行业生产统计资料的方法调查。

14.
人工鱼礁建后如何管理维护？

人工鱼礁建设后，管理部门应积极开展维护与管理工作，主要包括：（1）抓紧制作安放警示浮标、标示牌和石碑等警示宣传设施，警示浮标安放于人工鱼礁区的角点，标示牌和石碑竖立于海洋牧场和人工鱼礁区所在海域附近陆地显著位置，宣示海洋牧场和人工鱼礁区位置、人工鱼礁建设等情况，保障礁区安全和通航安全。加强海洋牧场和人工鱼礁区的保护和社会宣传。（2）准确测量礁体的位置，报渔业行政主管部门和海事部门，公布人工鱼礁的位置、鱼礁类型和礁区范围。（3）定期和不定期进行人工鱼礁区巡查管护，杜绝在海洋牧场和人工鱼礁区内出现电毒炸鱼、水下爆破、采砂等对渔业资源和生态环境破坏严重的活动。（4）定期对人工鱼礁礁体进行检查，清理礁体附着网具，维护礁体的稳定性和生态修复功能。（5）对人工鱼礁区进行可持续的休闲渔业开发利用。（6）定期组织对人工鱼礁区资源恢复和环境修复等生态效果情况的监测调查，在科学评估的基础上进行人工鱼礁区有效管护，保障合理开发利用。

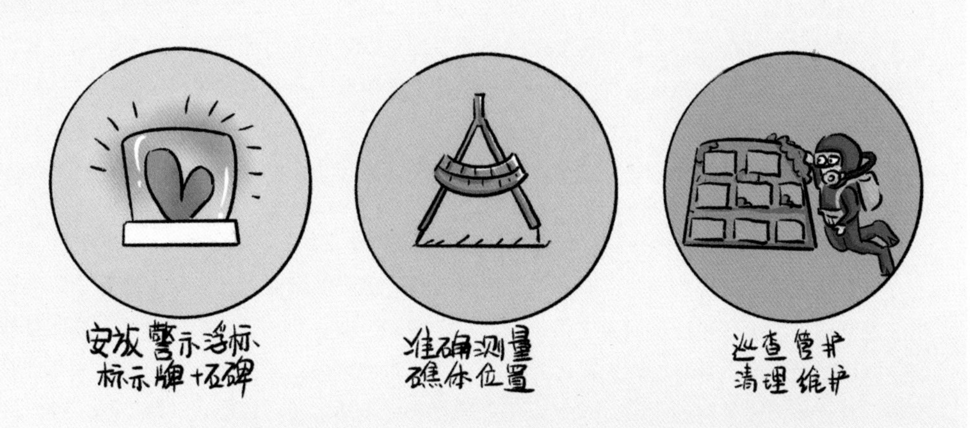

15.
如何评估人工鱼礁建设的效果？

评估原则：（1）全面评估原则，即各种类型的人工鱼礁区从生态、经济、社会三方面综合评估建设效果。（2）分类侧重原则，即根据人工鱼礁区类别的不同，评估的侧重点有所不同，养护型海洋牧场人工鱼礁区主要侧重生态效益和社会效益，增殖型海洋牧场人工鱼礁区主要侧重经济效益和生态效益，休闲型海洋牧场人工鱼礁区主要侧重经济效益和社会效益。（3）重点突出原则，即养护型海洋牧场人工鱼礁区宜重点阐述生物资源或者生态环境的变动情况，增殖型海洋牧场人工鱼礁区宜重点阐述增殖对象的变化情况，休闲型海洋牧场人工鱼礁区宜重点阐述休闲垂钓或者渔业观光的效果。

评估方法：（1）现状评估，即对人工鱼礁区的环境要素调查、生物要素调查、生态系统功能要素调查和渔业生产要素的各项指标进行现状描述和分析。（2）变动评估，即比较效果调查和本底调查或历次效果调查的变化程度，以百分数表示，并分析产生变化的原因。（3）对比评估，即比较人工鱼礁区和对照区的差别程度，以百分数表示，并分析产生差别的原因。（4）人工鱼礁状态，包括位置、数量、沉降、稳定性、完整性等状况。

评估后提供的主要资料：（1）人工鱼礁区的环境要素、生物要素、生态系统功能要素和渔业生产要素的现状和变动情况。（2）可供利用海洋生物的数量（包括资源量、可捕量和可持续产量等）或已开发的程度。（3）可利用经济水生生物的种群组成和数量。（4）进行开发的适宜技术和手段。（5）人工鱼礁区管理维护、生态保护、资源养护和合理开发利用的意见。

（二）海藻场

1. 什么是海藻场？

一般认为，海藻场是指近岸海域岩礁底质上的大型海藻丛生区，其支撑种或优势种主要包括马尾藻属、海带属、裙带菜属、巨藻属等，这些大型海藻密集生长，形成了蔚为壮观的“海底森林”；海洋中的很多幼鱼以及海胆等棘皮动物，甚至海豚等海洋哺乳动物阶段性地栖息于此。它们与大型海藻群落一起，共同构成了独特的近岸生态系统，我们称之为“海藻场”。海洋牧场中的海藻场，除上述底栖类海藻场外，还可以包括以生物资源增殖养护为目的的人工浮床海藻场，也称中上层海藻场。

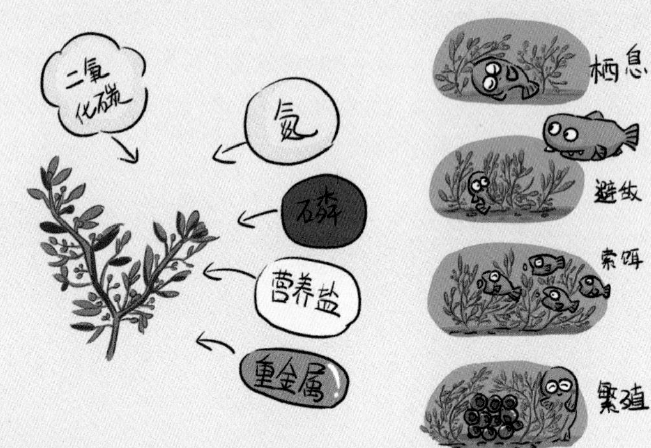

2.
为什么要在海洋牧场中建设海藻场？

海藻场作为岩礁海域的一类典型生境，由大型海藻群落支撑起极高的初级生产力可以媲美陆地的热带雨林，为藻场内各级消费者的生长和繁殖提供了充分的物质基础。海藻场初级生产力大约 90% 以碎屑形式进入食物网，是维系所在海域及邻近海域食物网能流的主要功能物之一。海藻场的空间三维生境，可为鱼类等海洋生物提供栖息、避敌、索饵及繁育的场所。另外，海藻场中大型海藻对水体中的氮、磷、营养盐及重金属等均具有很强的吸收作用，可极大改善海域的水环境。海藻场还通过吸收大气与海水中的二氧化碳，参与生物圈尤其是近海碳循环过程，从而增加蓝色碳汇能力。国内外大量研究表明，不仅是天然海藻场，一些大型海藻养殖区和浮筏上的大型海藻丛生区也同样具备上述诸多生态功能。

因此，在海洋牧场中建设海藻场，不仅可以为海洋牧场系统提供生物（特别是幼鱼）栖息地、初级生产力、饵料食物并在营养盐调控等方面发挥重要的作用，还可以增加海洋牧场的生物多样性和系统复杂性、优化海洋牧场海域的食物网能流结构，从而助力海洋牧场高效和安全地持续产出，改善海域水体环境质量，增强海域空间休闲利用的经济效益（如潜水观光等）。

3.

大型藻类筏式养殖区是不是海藻场？

在海洋牧场中建设海藻场，是为了改善或营造增殖 / 养护目标种生物的栖息环境、提供躲避敌害的场所并提供丰富的饵料等，但我国的一些海洋牧场建设海域由于水深较深、底质泥相、海水透明度低等限制条件，难以通过人工藻礁等方式建设传统的底栖类海藻场。

事实上，一些大型海藻养殖区和浮筏的大型海藻丛生区具备了与天然海藻场相类似的生态功能和规模效应，特别是在渔业资源生物增殖和养护方面的生态功能，如筏架结构阻流产生平稳环境、养殖贝藻类带来钩虾麦秆虫等大量饵料生物等，非常有利于增殖放流生物的生长、觅食、避敌等。因此，中国水产学会团体标准《海洋牧场海藻场建设技术规范》提出“海洋牧场海藻场是为增强海洋牧场的生态优化和资源养护功能，基于海藻场生态系

统服务功能，通过一系列的工程技术手段，在海洋牧场特定区域利用人工浮床、人工藻礁等基质通过人工栽植或自然繁殖形成的海藻场"，并进一步定义了"自然基质海藻场""人工浮床海藻场""人工藻礁海藻场"这三类海洋牧场海藻场。其中人工浮床海藻场就是指在海洋牧场区，以生态保护与渔业资源养护为目的，由浮球和苗绳等构成的网状或其他多边形结构悬浮于水体中，并用缆绳或锚固定于海底，适宜于大型海藻生长的人工设施，通过自然附着生长或人工移植大型海藻所形成的海藻场。

因此，以生态保护与渔业资源养护为目的、通过自然附着生长或人工移植的大型海藻丛生区是海洋牧场海藻场的一类，而以藻类的产出为目标的大型藻类筏式养殖区则不属于海藻场范畴。需要指出的是，在海洋牧场规划设计和建设经营过程中，将海域内已有的大型藻类筏式养殖区适当地纳入进来，充分利用其优良的生境和饵料等生态功能，并发挥与人工鱼礁等其他设施的协同作用，是目前正在积极探索的海洋牧场建设路径之一。而大型藻类筏式养殖区要成为海洋牧场中的人工浮床海藻场，则必须满足一定的功能性条件，如：（1）不低于邻近天然藻场的海藻覆盖面积或生物量；（2）不低于邻近天然藻场的有机碎屑量；（3）不低于邻近天然藻场的饵料生物多样性和生物量，等等。

4.
什么海域适合开展海藻场建设？

大型海藻作为海洋中通过光合作用将氮磷等营养盐合成为有机物的初级生产者，其生长海域要有良好的营养和光照条件。因此，海藻场建设海域首要条件是营养盐丰富、有利于大型海藻生长。由于大型海藻没有真正的根系，藻体吸收营养需要克服与海水界面的张力来完成，因此海藻场海域还需要满足一定强度的波流动力条件。另外，海域还需要具备或能提供一定规模的硬相基质，以供大型海藻附着固定。

我国沿海各地除了部分淤泥质海岸以外，散布着大大小小、规模不一的天然海藻场。支撑这些海藻场建群的大型海藻优势种，根据其生殖和生长的最适水温性质，划分为冷水性种（< 4℃）、温水性种（4~20℃）、暖水性种（> 20℃）。但因为海藻生长同时还受到底质、波流等条件的限制，这些适应于不同海域水温特点的大型底栖海藻所形成的海藻场往往呈现斑块状的分布格局。

因此，建设海藻场的海域应满足如下条件：海域周边要有目标藻种的自然分布，且营养、光照、波流、底质等环境条件适合目标藻种的生长；同时，应无大量淡水注入、无悬浮泥沙来源，岩礁基质表面无大量沉积物，且海水交换性较好、敌害生物较少。在此基础上，考虑该海洋牧场海域适合建设什么类型的海藻场：自然基质海藻场建设需选择具有天然附着海藻的岩礁基质的海域，人工藻礁型海藻场建设需选择海底平坦、坡度较小及承载力较大的海域。以上两种底栖类海藻场建设均需要以海域的海水透明度满足目标藻种生长为前提，若不满足则考虑建设人工浮床海藻场，一般要求尽量避开风暴潮和热带气旋台风频发路径。

5.
海洋牧场海藻场建设包括哪些步骤 / 环节？

海藻场建设步骤主要包括现场调查、藻种选定、基底整备、苗种培育、幼苗移植与栽培、监测及养护等。不同类型海藻场建设过程不同，自然基质海藻场建设过程主要包括藻种选定、自然基质选定及清理；人工藻礁型海藻场建设过程主要包括藻礁材料选定、结构设计、礁体制作及投放；人工浮床海藻场建设过程主要包括浮筏材料选定、浮筏结构确定及设施安置。其中，常见的自然基质海藻场建设技术主要有孢子袋法、孢子水法、移除敌害生物法、媒介生物附着法等。

6.
海藻场建设的实践案例有哪些？

20 世纪 90 年以来，我国沿海地区经济活动日益加速、强度不断提升，近岸的天然海藻场萎缩退化现象开始显现，以南麂列岛海域为例，以铜藻为支撑种的海藻场面积减少了一半以上；另外，瓦房店仙浴湾、青岛太平角、湛江硇洲岛等海藻场也出现不同程度衰退，生物量降低了 30% ～ 70%。为此，海藻场修复与建设相关工作通过一些科研或公益项目陆续展开。2012 年初，南麂列岛国家海洋自然保护区管理局以“中国南部沿海生物多样性管理项目”为平台，开展实验育苗，以铜藻、鼠尾藻、瓦氏马尾藻为栽培对象，向火焜岙海湾投放 2 000 多个人工藻礁，海藻场修复海域面积达 2 000 余亩*。上海海洋大学 2011—2012 年在浙江省马鞍列岛海域，通过在潮下带基岩钻孔固定人工藻礁的方式，修复退化的枸杞岛海藻场总长度近 4 000 米，大型海藻的覆盖度平均提高了 32.4%，铜藻补充群体自然繁殖且生长良好；海藻场内外一年四季的调查结果显示，鱼类平均体长分别为 93.9 毫米和 106.2 毫米，平均体重分别为 28.4 克和 25.0 克，即海藻场内的鱼类个体长度较小但体重却较大，这表明枸杞岛海藻场修复可以有效养护鱼类资源，特别是对幼鱼具有保护和养育功能。中国科学院海岸带研究所 2015—2017 年在南长山岛东侧孙家村海域，通过增设浮式构件和夹苗技术建设人工浮筏海藻场 220 亩；2018—2019 年又通过绑苗投石和悬浮布设两种方式，在潮间带和离岸稍远的潮下带构建了海黍子和铜藻海藻场，总面积 3 900 亩。渔业资源调查结果显示，海藻场 6 个站位的渔获生物量密度和尾数密度分别提升 94% 和 58%，而周边非海藻场区 3 个站位的这两个参数分别下降 15% 和增加 13%。

大连海洋大学与獐子岛集团合作，“十二五”以来在獐子岛海洋牧场建设区构建海藻场 2 000 余亩，铜藻、海带、裙带菜等大型藻类生长茂盛，海藻场附着动物种类多达 41 种，海胆、螺类、虾夷扇贝、仿刺参等诱集增殖效果明显，形成了良好的贝、藻、参多营养层级综合利用的海藻场生态系统。

---

* 亩为非法定计量单位，1亩 = 1 / 15公顷，下同。——编者注

7.
如何对海藻场建设效果进行监测评估？

海藻场建成后 1 ～ 5 年内，应根据海藻场支撑藻种的生长特性，分幼苗期、茂盛期、繁殖期和衰退期等阶段，通过声呐测扫、潜水采样等方式，逐年对海藻场规模、大型海藻生物学、海藻场环境要素及生物资源进行监测，并在本底调查和监测结果的基础上，对海藻群落、生物群落和环境要素 3 个方面进行评估，具体评估指标见下表。

评估内容	评估要素	评估指标
海藻群落	海藻场规模	面积、覆盖度
	海藻生物学	藻种数、优势种株高、生物量
生物群落	植食性动物	生物量、密度
	其他生物	
环境要素	物理要素	水深、水温、光照

8.
海藻场建成后如何进行管理维护？

海藻场建设后，管理部门应积极开展维护与管理工作，主要包括：（1）设置海藻场保护区，在海区设立显著的标识物，在近岸陆地或海岛等显著位置设立标志碑，注明海藻场功能、建设藻种、保护和管理等信息。（2）监测海藻场的水质、光照和水体交换情况，并定期清理海藻幼苗固着区的沉积泥沙和杂藻。（3）及时制定台风和风暴潮等灾害天气的应急预案，制定灾后评估和修复措施。（4）避免人类活动对海藻场的影响，对于岩礁型和藻礁型海藻场，在建设后的 3 年内，严禁在海藻场建设区进行海藻采割、鱼类捕获等生物资源生产活动。（5）在海藻场实现建设藻种的自我繁衍和规模稳定阶段，可以休闲渔业方式为主对海藻场资源进行开发利用。（6）海藻场管理部门应主动通过各种媒介途径向大众宣传海藻场有关知识，提高民众对海藻场认知和海洋保护意识。

（三）海草床

1. 什么是海草和海草床？

海草是地球上唯一一类可完全生活在海水中的被子植物，广泛分布于温带、亚热带和热带浅水海域的潮下带、浅滩、潟湖、河口等区域。目前全世界海草种类约 13 属 74 种，分布于我国沿海的海草种类有 10 属 22 种，种类数约占全球海草种类数的 30%。海草通常大面积聚集生长，形成广袤的海草床，构成典型的海草床生态系统，亦有“海底草原”和“海底森林”之称。除南极外，海草床遍布世界近岸浅海水域，全球海草床的面积约占海洋总面积的 0.2%。

2.
为什么要建设海草床

海草床具有极其重要的生态功能和潜在的经济价值，不仅在净化水质、捕获沉积物、促进营养物质循环等方面发挥重要作用，也为海洋动物（如贝类、虾蟹类、棘皮动物和鱼类等）提供重要的产卵场、育幼场、索饵场和栖息场，具有重要的资源养护功能。此外，海草床是全球最高效的碳捕获和碳封存生态系统之一，同红树林和盐沼植物等共同构成海洋碳汇，是全球重要的蓝色碳库。

然而，受人类活动和自然环境变化的影响，全球海草床处于严重退化趋势。自 1980 年，全球海草床以每年 7% 的速度快速退化，目前约有 1/3 的海草床已完全消失。我国是世界上海草床退化最严重的国家之一，分布于山东青岛、威海和烟台的海草床约 80% 已退化消失。建设海草床对缓解近岸海域生态压力、养护生物资源、维护生物多样性和提高沿海地区生产力等具有重要意义。

3.
适合建设海草床的海草种类有哪些？

根据我国目前主要海草种类的分布面积和生态修复技术成熟程度，黄渤海海域宜选择鳗草、日本鳗草等本地海草种类进行植株移植和种子播种；南海海域宜选择泰来草、海菖蒲、日本鳗草等本地海草种类进行植株移植，宜选择卵叶喜盐草、日本鳗草等本地海草种类进行种子播种。

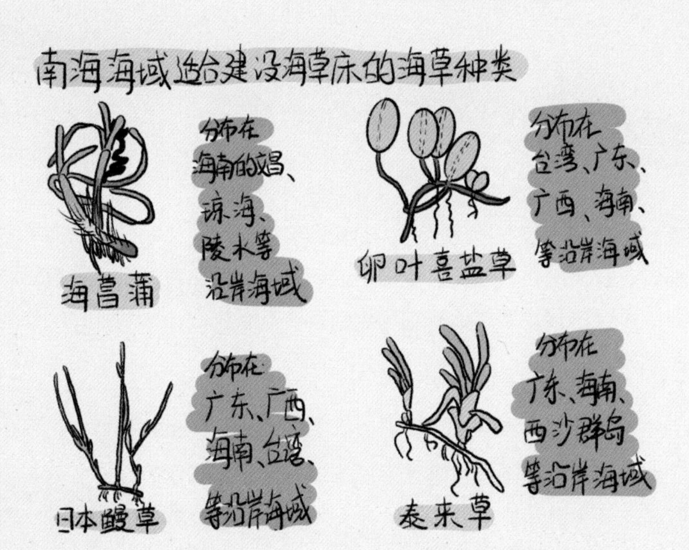

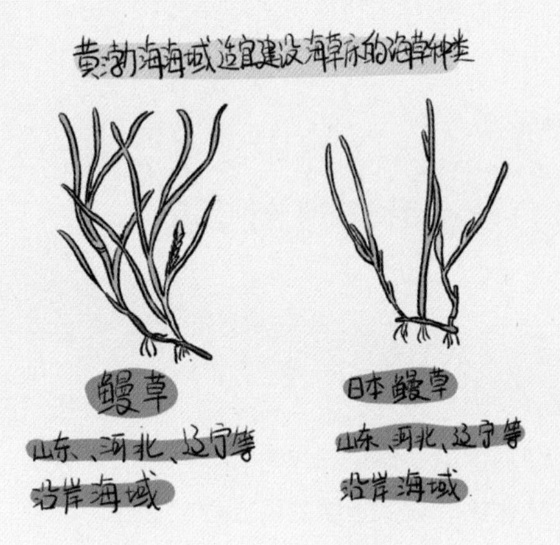

4.

适宜开展海草床生境构建的海域需具备哪些条件？

适宜开展海草床生境构建的海域在满足目标海草物种基本生物学特征的前提下，还应重点关注底层海水透光率、水体温度、盐度、底质类型和人类活动等影响海草植株定植的关键要素。

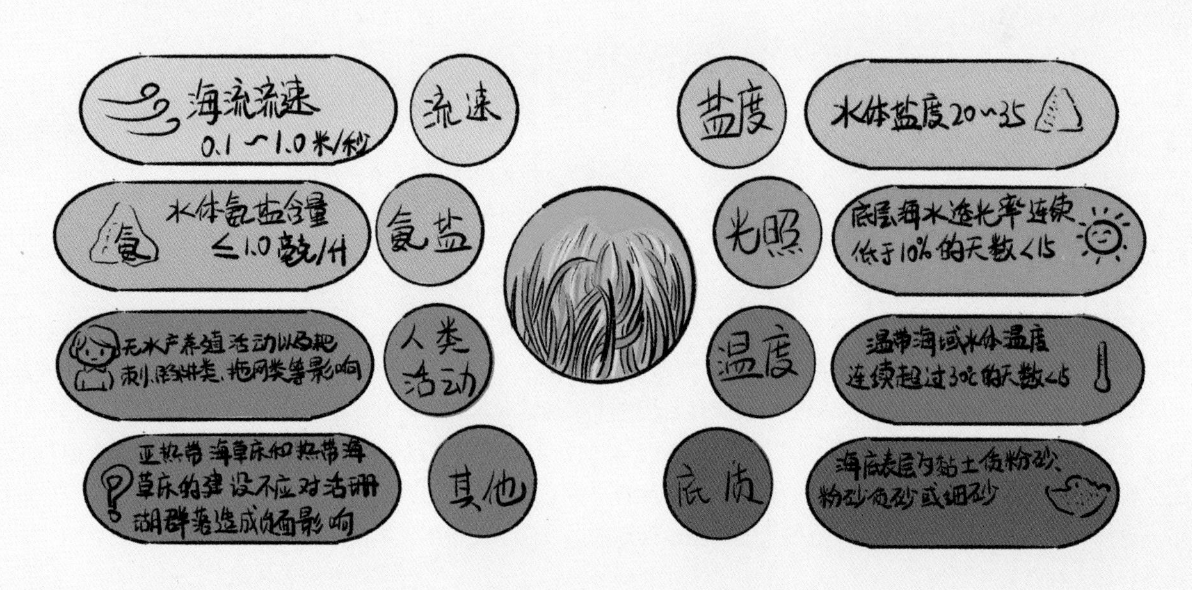

5.
如何建设海草床？

海草床建设是一个复杂的生态工程，目前比较成熟的建设方法有生境修复法、植株移植法和种子播种法。生境修复法是指通过保护、改善海草床生境的水质和环境，遏制生境的破碎化，使其适于海草生长，从而实现海草的自然恢复。生境恢复是海草床修复的必要条件，但生境修复需要很长的时间，是一个比较缓慢的过程。植株移植法是指在适宜海草生长的海域移植成熟海草植株，其植株成活率高，目前得到普遍应用，但移植成本相对较高。种子播种法是指在适宜海草生长的海域直接播种海草种子，或者人工育苗，待其长成适宜规格幼苗后再移栽的一种方法，其适合规模化海草床建设，但幼苗成活率相对较低。在海草床建设实践中，宜以生境修复为主，以植株移植和种子播种为辅。

6.
海草床建设的实践案例有哪些？

（1）招远市鳗草（大叶藻）滨海生境修复工程 2020 年 10 月，在招远辛庄近岸海域实施了鳗草滨海生境修复工程，共计移植鳗草植株 6.6 万株，播种鳗草种子 456.4 万粒，形成海草床修复区 10.5 公顷。监测结果表明：修复后 11 个月，修复区海草床面积已达到 28.9 公顷，平均植株密度达到 97 株 / 米 ^{2}，渔业资源数量明显提升，修复效果显著。

（2）荣成天鹅湖鳗草（大叶藻）增殖工程 2017—2021 年，在天鹅湖海域移植鳗草植株 50 余万株，底播种子 70 余万粒，并对修复区域采取有效的保护措施。截至 2021 年 11 月，增殖、养护海草床面积 200 余公顷，平均植株密度达到 400 株 / 米 ^{2} 以上。

7.
如何对海草床建设效果进行监测评估？

海草床建成初期，宜定期（每月 1 次为宜）对植株存活和扩繁情况以及种子留存和萌发情况进行全面观测。建成后 5 年内宜以 1 次 / 年的监测频率，于海草生长高峰季节监测海草床的植株密度、生物量、茎枝高度以及水环境、沉积环境、生物资源等，并参照《海草床生态监测技术规程》（HY/T 083）评估海草床的建设效果。

8.
海草床建成后如何进行维护与管理？

海草床建成后，有效维护和科学管理是维持海草床长期稳定发展的关键。维护的主要措施包括海草生长情况现场勘查、有害生物清除和环境条件监测等，管理的主要措施包括海草床管理维护知识培训、加强宣传和海草床的实时观测等。

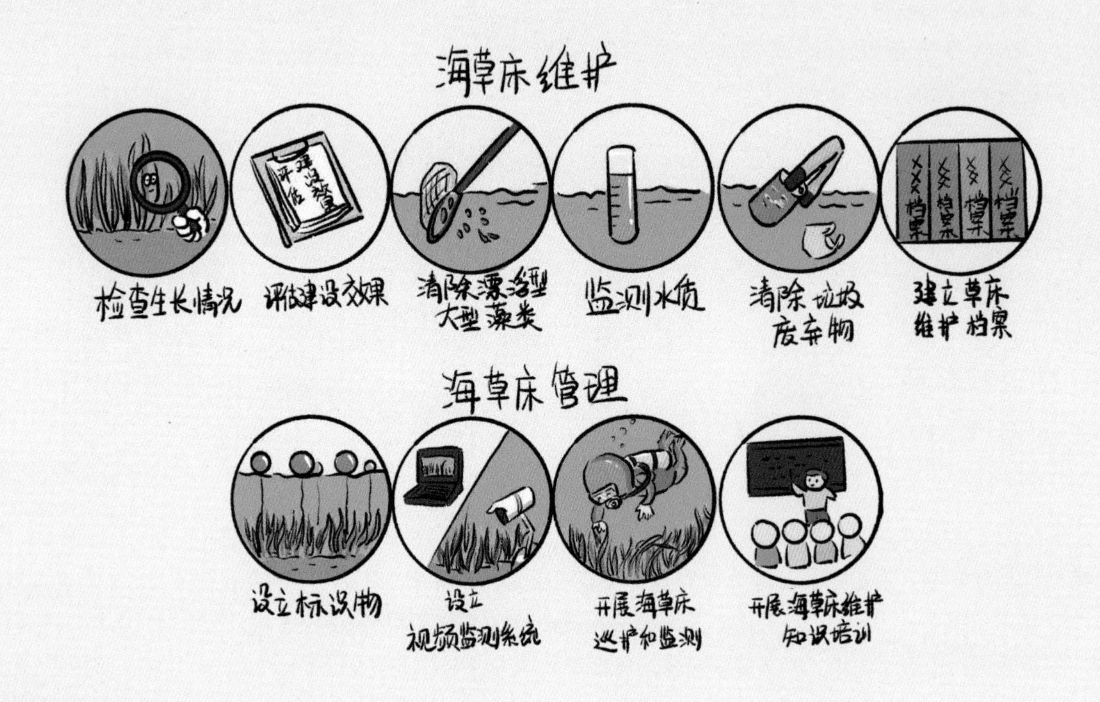

（四）珊瑚礁

1.
什么是珊瑚礁？

珊瑚礁是主要由造礁石珊瑚等造礁生物的碳酸钙骨骼构成的一种三维空间结构。珊瑚礁应该被称为生物礁，因为它是由造礁石珊瑚、珊瑚藻和海绵等造礁生物，经历长期生存、繁衍、死亡等过程后，骨骼成年累月地堆积、压缩而成。珊瑚的顶端部分不断生长在死去的上一代珊瑚虫骨骼上，其形成可能需要花费数百年甚至数千年的时间。珊瑚礁根据礁体与岸线的关系，分为岸礁、堡礁和环礁等；根据形态，分为台礁、点礁、塔礁和礁滩等。珊瑚礁分布具有严格的范围，主要在南北两半球海水表层水温 20℃等温线内（大致在南北回归线之间）。

2.
为什么保护与建设珊瑚礁很重要？

珊瑚礁构成的珊瑚礁生态系统非常庞大，具有生物多样性丰富、初级生产力高、物质循环快速等特点，被称为“海洋中的热带雨林”。世界珊瑚礁占海洋面积的不到 0.2%，却拥有超过 1/4 的海洋生物，这其中包括了 6 000~8 000 种珊瑚礁鱼类。除此之外，珊瑚礁还具有防浪护岸、保护环境、休闲娱乐等众多作用，更是一种重要的国土资源。珊瑚礁对于我国海洋自然资源与环境、社会经济发展乃至科学研究均具有重要价值，尤其是南海海域的珊瑚礁。然而，近年来由于气候变化和人类活动的影响，全球珊瑚礁普遍面临严重退化的风险，诸多区域出现由于海水温度异常导致的珊瑚白化现象，造成了珊瑚礁生物的大量死亡。研究表明，自 20 世纪 50 年代以来，全世界的珊瑚覆盖率下降了一半。珊瑚物种作为珊瑚礁的框架生物，其覆盖率的下降将可能会导致生态系统出现相变，即生态系统从珊瑚主导转变为藻类主导，这种生境的改变同样会影响珊瑚礁生物多样性。研究表明，超过一半的珊瑚礁相关生物的多样性因为珊瑚覆盖率的下降而减少。因此，保护珊瑚礁刻不容缓。

3.
我国的珊瑚礁分布在哪里？

我国珊瑚礁资源广阔，主要分布在华南大陆沿岸、台湾岛和海南岛沿岸以及南海的东沙群岛、西沙群岛、中沙群岛和南沙群岛。我国南海北部分布的珊瑚礁主要受一支热带暖流“黑潮”的影响，其主支由于受台湾岛和琉球群岛的阻挡，往北拐向日本群岛，没有到达我国沿岸海域，造成我国沿岸的现代珊瑚礁绝大部分分布在 20.5° N 以南的热带海域，尤其是西沙、南沙群岛等岛屿；受“黑潮”的影响，我国台湾岛及其附近离岛岛礁仍有珊瑚礁分布；广西涠洲岛和广东徐闻的造礁石珊瑚也仍能形成珊瑚礁，再往北分布的造礁石珊瑚则不能形成珊瑚礁，只能称之为造礁石珊瑚群落，如分布在广东大亚湾和福建东山的造礁石珊瑚群落。

4.

哪些地方适宜开展珊瑚礁建设？

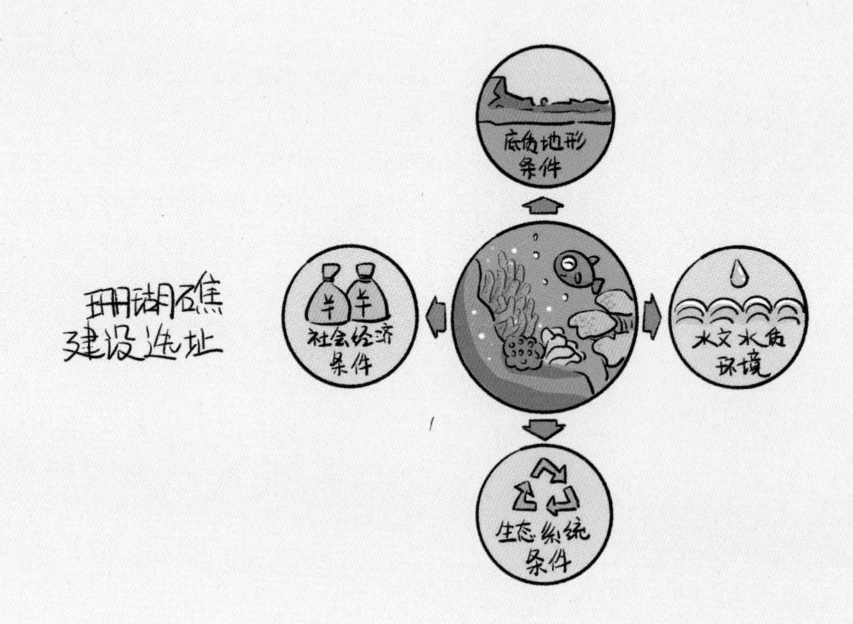

珊瑚礁建设区域的选择需从底质和地形条件、水文水质环境、生态系统条件与社会经济条件四个方面展开。

底质和地形条件：珊瑚礁建设应选择海底地形坡度平缓或平坦，底质较硬、表面碎屑与沉积物数量少的珊瑚礁底。珊瑚种植区底质还应满足礁石、岩石或裸露自然硬基底覆盖率高于 20% 的条件。

水文水质环境：水文方面，应根据对象生物栖息繁衍的适宜深度以及当地海域水质透明度，选择适宜人工珊瑚礁体投放及珊瑚无性培育的水深；应选择最大海水流速不致推动人工珊瑚礁体和珊瑚无性培育设施移动或倾倒的海域。水质方面，应选择水体交换良好、海水水质优良、水体中悬浮物含量低、海水中营养盐含量处于较低水平的海域。

生态系统条件：一是应选择周边分布有一定数量和种类的珊瑚，并经历史发育形成珊瑚群落或珊瑚礁的，或有珊瑚生长存活的历史记录的海域。二是应选择周边分布有一定数量和种类的珊瑚礁鱼类、大型底栖无脊椎动物、大型藻类等其他生物的海域。

社会经济条件：应避免选择人类活动频繁、附近有污染排放源或大型海岸工程建设的海域，应选择能够通过管理降低渔业捕捞、水产养殖、观光旅游等影响的海域。

5.
建设珊瑚礁的技术方法有哪些？

基于目前珊瑚礁修复研究与示范工作，珊瑚礁生境与资源修复的主要技术方法有造礁石珊瑚的有性繁殖、断枝培育、底播移植、人工珊瑚礁构建以及其他特色生物资源的底播放流。

一是造礁石珊瑚的有性繁殖技术，包括利用珊瑚的繁殖生物学特性，在繁殖期间通过促进珊瑚生殖配子结合形成受精卵，提高受精率；随后将其培育至浮浪幼虫阶段，此时通过放入附着基或附着诱导物促使珊瑚浮浪幼虫在合适的附着基表面附着变态形成珊瑚幼体，增加附着率；再通过对珊瑚幼体的人工培育，提高幼体存活率，使其生长至合适的大小。

二是造礁石珊瑚的断枝培植技术，借助造礁石珊瑚的无性增殖特点，利用人工培育条件或野外培育技术促进造礁石珊瑚断枝增长，使其达到移植所需大小。

三是造礁石珊瑚的底播移植技术，将野外采集或培育的珊瑚断枝固定在需修复的珊瑚礁底质上，针对不同的珊瑚礁底质，采用相应的底播移植方法。目前采用的造礁石珊瑚底播移植技术主要有：自然岩礁钻孔种植技术、铆钉珊瑚移植技术、生物黏合剂珊瑚移植技术、沙地网格化原位种植技术、柔性栅格种植毯护坡原位种植技术以

及人工生态礁裸礁种植技术等。

四是人工珊瑚礁构建技术，即设计制作符合水动力学、仿生原理并具有抗风浪、抗台风、防沉降性能的多维空间人工珊瑚礁，在合理选址布局的基础上通过精准投放、人工生态礁裸礁珊瑚种植等工程手段，构建具备小型生态系统的人工生态“活礁”群落，塑造珊瑚礁生境。

五是其他特色生物资源的底播放流技术，即在珊瑚礁生境与资源修复过程中放流多种对珊瑚礁修复有益的功能生物，例如可限制藻类生长的草食性动物，可清除覆盖在珊瑚礁上沉积物的某些杂食性动物，可过滤海水中的悬浮物质、净化水质的滤食性动物等。

6.
珊瑚礁建设的实践案例有哪些？

近年来，珊瑚礁建设已在华南沿岸、海南岛和南海岛礁海域进行了大量的理论和实践探索，相关案例如下：

2014 年至今，在深圳大鹏湾海域开展了大量珊瑚礁建设实践工作。在大梅沙、大澳湾、大鹿湾等海区累计投放人工珊瑚礁 100 余座、培育珊瑚种苗 8 万余株、原位种植珊瑚 5 万余株、修复退化珊瑚礁超 50 亩。培育珊瑚种苗成活率达到 90% 以上，原位种植珊瑚成活率达到 70% 以上。该实践案例在 2018 年推动了全国首个以珊瑚礁为主题的海洋牧场——深圳市大鹏湾海域国家级海洋牧场示范区的建立。同时该案例的长期实践有效提升了海域生态系统服务功能，促进了当地渔业经济向生态旅游经济的转型，带动了当地的滨海旅游产业发展。

2017 年开始，利用珊瑚移植技术在三亚市蜈支洲岛近岸珊瑚礁海域开展珊瑚礁建设实践，并推动相关企业参与当地海洋生态保护工作。2017 年 6 月移植约 6 000 株造礁石珊瑚。经过 3 年的生长，移植珊瑚的平均存活率为 61.3%，修复区域造礁石珊瑚平均覆盖率从 9.3% 提升到 35.3%，珊瑚覆盖率的提升主要归结于移植珊瑚个体的生长。从恢复效果来看，修复区域内珊瑚礁不仅健康状况有所恢复，同时水下景观得到改善。

7.
如何对珊瑚礁建设效果进行监测评估？

对珊瑚礁建设效果进行监测评估的步骤主要包括：

（一）方案计划的制定：根据生态修复目标，基于珊瑚礁生态系统的结构和功能特征，制定生态修复监测方案，包括监测参数、监测频次、监测时间、监测站位等内容；制定珊瑚礁生态修复成效评估方案，包括成效评估方法、评估标准、评估指标、评估时间等内容。

（二）方案的实施：开展生态修复监测，根据监测结果，评价生态修复过程和成效，根据成效评估结果，提出生态修复的下一步工作建议。

为提高珊瑚礁生态修复的成效，应特别注重各个环节的监测，并定期开展修复效果分析评估。在珊瑚礁建设海区建立水下监测系统，进行实时监控和定期监测，了解海区生态和环境动态变化；根据珊瑚礁建设效果的监测结果，评价其达到预期目标的情况，重点评估修复礁体健康状况、造礁石珊瑚移植存活情况、功能生物放流的生态效果等。对珊瑚礁建设海区的环境压力、生境、珊瑚生长状态和管理等方面进行评估，主要包括生境的改善、环境质量、人为干扰水平、礁体三维结构稳固性、移植和附着造礁石珊瑚的存活率与生长率、珊瑚礁建设海区生物的多样性、管理方式与效果等指标内容，同时设定合适的参照点，进行对比评价。

8. 珊瑚礁建成后如何进行管理维护？

珊瑚礁建成之后的管理维护需要通过对珊瑚礁建设后的不利因素进行调查和分析，开展珊瑚礁管理维护可行性评估、制定有效可行的管理维护方案、建立监测预警及风险管理机制，而后根据制定的方案对珊瑚礁建设海域进行监测与评价，排除或削弱对珊瑚礁生态系统不利的因素，从而达到维持珊瑚礁生态资源和生态功能的目的。

首先是珊瑚礁生态环境的监测，目的是监测珊瑚礁的状况，识别危害珊瑚礁的潜在不利因素。可以通过对环境因子（如海水温度、pH、浊度和营养盐等）进行监测，识别潜在环境压力；通过对珊瑚礁中的生态指标进行监测，例如对造礁石珊瑚敌害生物和珊瑚疾病的监测，识别潜在的生态失衡风险；通过对周围社会经济活动进行监测，识别对珊瑚礁建设产生不利影响的潜在风险因子，例如海岸工程建设、污染物排放等。

而后是通过相关的管理措施，排除或削弱对珊瑚礁生态系统不利的因素。一是沿岸土地要进行有序开发，防止水土流失。规范海岸工程的环评和实施，进行合法操作，杜绝未批先建的恶劣行为，如发现要进行严惩。二是规范污水的排放。加大基础设施费用投入，让污水进入管网，经处理后才可以排放入海。三是，对非法渔业和养殖行为进行严厉打击，并在周围开展宣传教育，培养珊瑚礁建设区域周围居民对珊瑚礁的保护意识。

（五）牡蛎礁

1.
什么是牡蛎礁？

牡蛎礁是由牡蛎固着于硬基质表面聚集生长形成的一种生物礁系统，是一种典型的海岸带生境。根据其分布区域，可分为潮间带牡蛎礁和潮下带牡蛎礁。根据其形成过程，可分为自然牡蛎礁和人工牡蛎礁。海洋牧场中的牡蛎礁可以是天然形成或在此基础上修复或恢复的自然牡蛎礁，也可以是人工手段建成以增殖渔业资源为目的的人工牡蛎礁（即牡蛎鱼礁）。其中，人工牡蛎礁主要是通过投放适宜于牡蛎附着生长的基质物或在基质物充足的海区移殖牡蛎，使大量牡蛎苗附着于基质表面生长繁殖而形成。

牡蛎礁广泛分布于温带河口和滨海地区，在欧洲、美洲、亚洲和大洋洲均有发现，被称为温带地区的“珊瑚礁”。在我国，自然牡蛎礁分布区主要有天津大神堂牡蛎礁、山东黄河口牡蛎礁、江苏蛎蚜山牡蛎礁、福建深沪湾牡蛎礁等，代表性造礁牡蛎主要有长牡蛎、近江牡蛎、熊本牡蛎、福建牡蛎等。在国外，美国切萨皮克湾、加拿大温哥华岛西北部、澳大利亚乔治湾、瑞典卡特加特波罗的海沿岸等区域也是牡蛎礁分布区，主要的造礁牡蛎有美洲牡蛎、欧洲牡蛎、澳大利亚安加西牡蛎和悉尼岩牡蛎等。

近一个多世纪以来，受环境污染、过度采捕、病害、海岸带开发等因素影响，全球约 85% 的自然牡蛎礁已经退化或消失，是遭受破坏最为严重的海岸带生境。

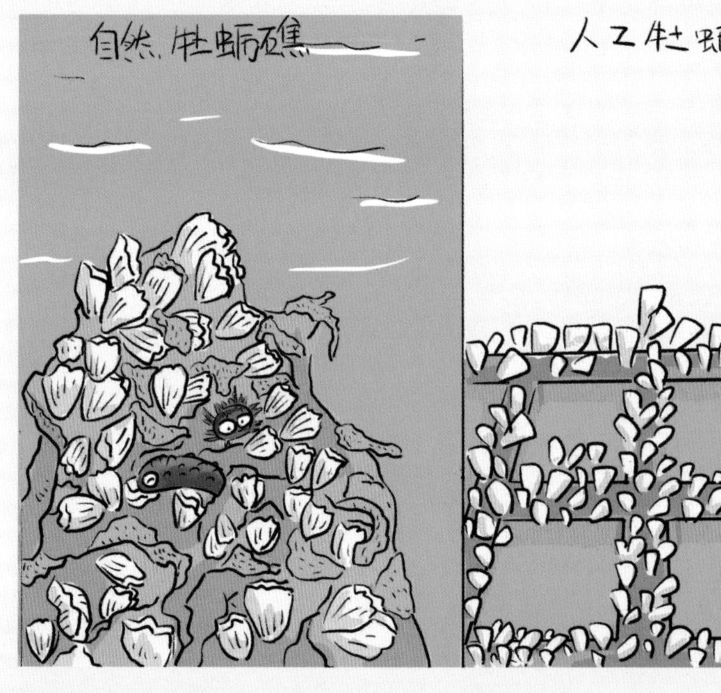

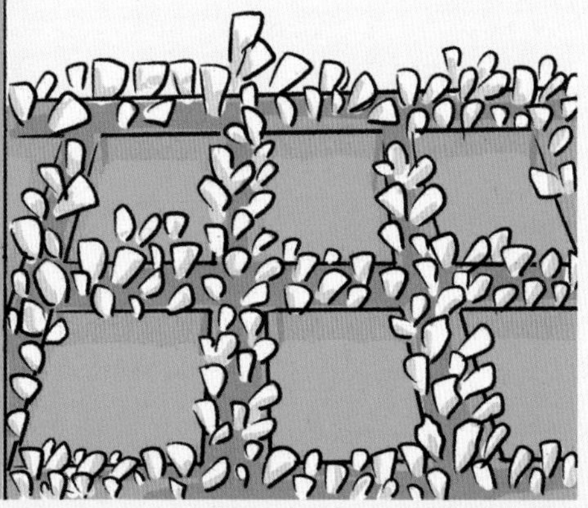

2.

为什么要建设牡蛎礁？

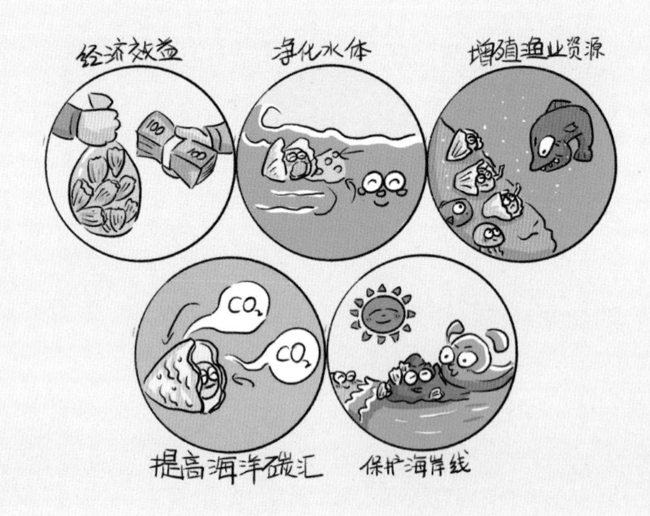

牡蛎礁是海洋牧场主要的生境类型之一。除作为优质蛋白来源产生直接经济效益外，牡蛎礁还具有净化水体、提供栖息生境、维持生物多样性、养护与增殖渔业资源、碳汇、防止岸线侵蚀等生态功能。

作为典型的滤食性贝类，牡蛎不断过滤水体中的悬浮物、营养盐及微型藻类，从而提高水体的透明度，防止水体富营养化和预防赤潮发生，同时将水体中颗粒有机物以假粪的形式输送到沉积物表面，支撑沉积物中营养物质的循环和储存，是维持底栖生态系统能量流动的重要动力。牡蛎礁形成的三维结构是许多重要海洋生物的适宜生境，吸引鱼类和大型无脊椎动物在此栖息、避敌、索饵和繁育，从而提高牡蛎礁区渔业资源量及其产出。如：在我国北方海洋牧场牡蛎礁区，由牡蛎排泄假粪生成的沉积物是刺参等经济物种重要的食物来源；牡蛎礁上的牡蛎还是海洋牧场区脉红螺等肉食性螺类主要的食物来源，支撑着海洋牧场牡蛎礁区较高的脉红螺资源产出；在一些海区牡蛎礁与大型海藻相依而生，形成非常有特色的贝藻礁生境，可以进一步提高海洋牧场的生态、经济效益。牡蛎礁上的牡蛎通过形成碳酸钙贝壳实现钙化储碳，并通过生物沉积作用将水体颗粒有机物质传输沉降到海底，加速有机碳向海底输送过程，提高海洋碳汇。

此外，牡蛎礁礁体三维结构能够消减海浪能，以降低海浪对岸线的侵蚀，起到保护岸线的功能，因此，近岸海域的牡蛎礁又是一种天然防浪消浪设施。

然而由于人类长期以来对牡蛎礁缺乏科学认识，对其进行过度采捕，外加环境污染、近海工程建设等原因，使得牡蛎礁被严重破坏，目前全球牡蛎礁都面临退化危机。研究表明，世界上 85% 的牡蛎礁已经消失或功能性灭绝。因此，建设牡蛎礁十分必要。

3.
哪些海域适合开展海洋牧场牡蛎礁建设？

海洋牧场牡蛎礁建设区域选址除应满足海洋牧场建设的一般需求外，应重点考虑造礁牡蛎苗种供应、生长繁育需求和礁体建造的水文、地形和底质要求。归纳起来，海洋牧场牡蛎礁建设海域须满足以下特殊条件：（1）有较高的造礁牡蛎自然补充量，投放适宜的基质物能发育形成牡蛎礁；（2）分布有以牡蛎礁为栖息生境的海洋牧场养护资源生物；（3）水深小于 20 米。在我国黄渤海海区，宜以长牡蛎和近江牡蛎为造礁牡蛎；在东海和南海海区，宜以近江牡蛎、熊本牡蛎、福建牡蛎、香港牡蛎为造礁牡蛎。

4.
如何建设海洋牧场牡蛎礁？

海洋牧场牡蛎礁的建设过程主要包括论证选址、建设方案设计和礁体构建等。

论证选址阶段应开展建设前本底调查，获取建设海域水文动力、地形地貌、地质底质、生态环境、牡蛎资源和渔业资源等方面基础数据资料，开展牡蛎礁建设的适宜性评价，确定最适宜的海洋牧场牡蛎礁建设区域。

建设方案设计主要包括筛选适宜的基质材料、设计礁体三维结构及空间布局。建礁的基质材料通常有贝壳、混凝土构件、固化后的粉煤灰、石头（碳酸岩）等硬质材料，应根据材料的环保性、强度、成本等特性，综合对比后根据当地牡蛎物种特性选择。礁体三维结构包括礁体形状、高度和结构复杂性。应根据建设海域的水动力和泥沙条件，优化设计出既能满足牡蛎附着聚集生长，又利于养护对象栖息的三维礁体结构。

牡蛎礁体宜投放于潮下带浅水区域，宜将礁体构造出复杂的三维结构，建礁时间应在牡蛎繁殖高峰期前 1 个月内，礁体高度一般为 1~2 米。

5.
海洋牧场牡蛎礁建设的实践案例有哪些？

当前，海洋牧场牡蛎礁建设较为成功的案例有唐山祥云湾国家级海洋牧场、荣成桑沟湾国家级海洋牧场等。

唐山祥云湾国家级海洋牧场于 2010 年开始采用大型混凝土鱼礁开展牡蛎礁（人工鱼礁）建设工程，目前已经形成较为稳定的人工牡蛎礁群，牡蛎礁区内单位捕捞努力量渔获量显著高于非礁区，至 2018 年，牡蛎平均附着密度为 200~250 个 / 米^2，个别礁体基质平均附着密度达到 276 个 / 米^2，牡蛎礁上牡蛎平均生物量为 23.97 千克 / 米^2，牡蛎礁储碳量达 4.70 千克 / 米^2，礁区脉红螺密度达 1.25 个 / 米^2，刺参密度达 2~3 头 / 米^2，礁体上共出现日本刺沙蚕、凸壳肌蛤、滩栖阳遂足和红带织纹螺等大型底栖生物 22 种。研究发现，该海洋牧场人工牡蛎礁已经发挥重要的水质净化和资源养护等生态效益。

荣成桑沟湾海域国家级海洋牧场，在 2020—2021 年度投放方形钢筋混凝土构件礁 1.8 万空方和石块礁 1.6 万空方，构建适合于牡蛎苗附着的硬底基质。在此基础上，基于本地牡蛎苗自然扩散、附着生长的方式，形成牡蛎礁面积约 29 公顷。经调查发现，该牡蛎礁主要造礁牡蛎为长牡蛎，平均生物量约 14.26 千克 / 米^2，礁区渔业资源生物丰富，物种多样性较高。礁区许氏平鲉、大泷六线鱼和中国花鲈等鱼类，日本蟳等甲壳类，脉红螺等腹足类生物，相比较于非礁区生物量均有显著增加。

长江口牡蛎礁建设始于 2004 年，利用长江口深水航道整治工程水工建筑物的混凝土模块作为牡蛎固着基质，通过移殖近江牡蛎亲本，构建了面积达 26 公顷的人工牡蛎礁生态系统。2005—2010 年的持续跟踪监测结果显示，长江口已建立一个自维持的近江牡蛎种群，牡蛎密度为 400 ～ 800 个 / 米^2，生物量为 2 000-3 000 克 / 米^2，总数量达到 590 亿个，形成了具有 47 种大型底栖动物和 67 种游泳动物的牡蛎礁生物群落，发挥了巨大的生态系统服务功能。

6.
如何对海洋牧场牡蛎礁建设效果进行监测评估？

牡蛎礁建设完成后，牡蛎密度常呈现先升高后降低（自疏）直至稳定的过程。因此应该加强牡蛎礁定期监测，掌握礁体发育动态。海洋牧场牡蛎礁建成后 1 ～ 5 年内，应定期对牡蛎礁环境指标（水温、盐度、溶氧量、pH、浮游植物）、景观指标（面积、高度、分布）和生物指标（种类、密度、大小、生物量、生物群落）等进行跟踪监测，应重点监测牡蛎礁区优势水产经济生物（如脉红螺、仿刺参、日本蟳、拟穴青蟹、中国花鲈、许氏平鲉等）的资源量，基于本底调查和跟踪监测结果，综合评估海洋牧场牡蛎礁对渔业资源的养护与增殖效果。

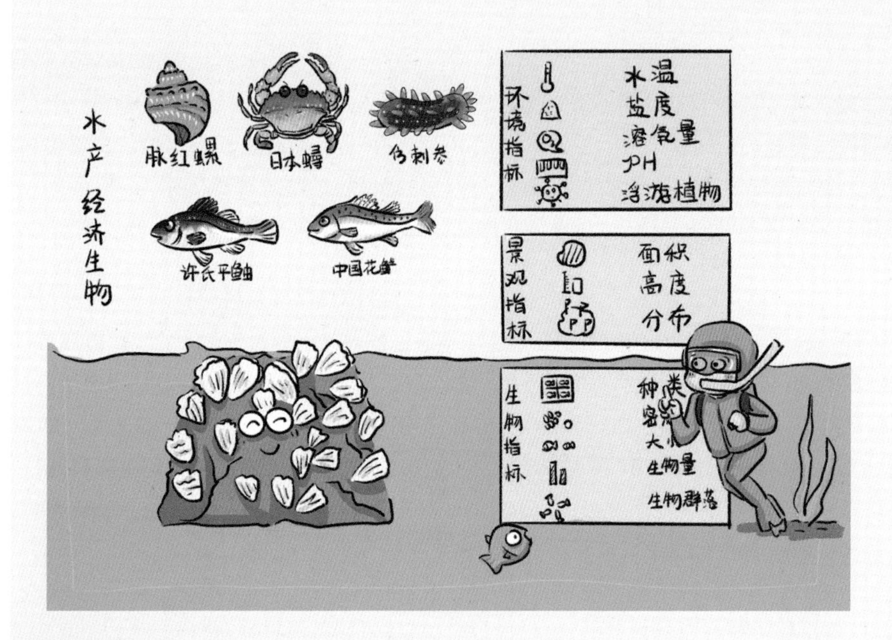

7.

牡蛎礁建成后如何管理维护？

牡蛎礁建设工程结束后 1 个月内，进行牡蛎礁区面积测量及 GPS 定位，绘制牡蛎礁分布的数字地图，并在礁体四周设置明显标识。每年至少开展 1 次常规维护，强台风、风暴潮、赤潮、绿潮、海洋污染等海洋灾害事件过后应增加 1 次应急维护。检查牡蛎礁表面及四周泥沙淤积和杂物堆积情况，视淤积程度开展相应的清洁维护工作。

牡蛎礁建设后海洋牧场管理部门或营运公司应及时开展牡蛎礁跟踪监测，查明牡蛎礁牡蛎种群生长和生态系统发育状态，评估牡蛎礁建设效果。依据牡蛎礁评估结果，及时调整礁体基质投放数量、牡蛎幼贝和成贝移殖数量，进一步优化牡蛎种群；依据牡蛎礁生态系统评估结果，开展牡蛎礁区资源增殖等活动，优化牡蛎礁生物群落结构；评估牡蛎礁生态系统重要经济生物承载力与最适捕捞量，依据牡蛎礁区生物最适捕捞量进行科学采捕，建立牡蛎礁生态系统生物资源可持续捕捞管理制度；建立牡蛎礁生态系统定期巡视与监测相结合的监测管理制度，严禁在牡蛎礁区开展底层拖网等破坏牡蛎礁的渔业捕捞活动；开展牡蛎礁周边可能的污染源调查，严格防控周边人类活动等造成的污染对牡蛎礁的破坏。另外，还可以积极开展牡蛎礁保护与利用相关的社会宣传活动，增强公众对牡蛎礁的保护与科学利用意识，提高海洋牧场牡蛎礁建设的社会效益。

四 增殖放流与采捕

海洋牧场知识科普问答

Haiyang Muchang Zhishi Kepu Wenda

1.
海洋牧场为什么要开展增殖放流？

受过度捕捞和粗放式海水养殖，以及沿海城市建设、工业开发等影响，近海生态环境逐步恶化，一些鱼贝类、大型海藻等海洋经济生物资源量严重衰退，某些鱼类资源甚至已濒临灭绝，使得传统海洋捕捞和海水养殖业面临生态和资源的严峻挑战。近岸水域鱼类的产卵场、育幼场也出现了荒漠化现象。因此，通过放流健康幼体补充其生物量，同时利用网栏、音响等物理学方法对部分鱼类进行行为驯化和控制训练，对成熟的鱼虾贝藻采用环境友好和选择性渔具渔法进行捕捞生产，使海洋牧场的环境、资源与渔业生产处于良好的平衡状态，同时也为发展渔业观光、休闲垂钓等第三产业创造自然和资源条件。所以，海洋牧场要开展增殖放流，以保持牧场食物网结构的平衡稳定，恢复和优化海洋生物的产卵场、育幼场和索饵场，为近岸水域渔业种群恢复发挥积极的造血功能。

2.
海洋牧场的增殖放流与传统的增殖放流有什么区别？

要摆脱生态环境恶化和生物资源衰退对海洋牧场产业发展的制约，必须转变以损伤生态环境和消耗生物资源为基础的传统渔业生产方式，而现代化海洋牧场将变革这种资源利用方式，创造出生物资源丰富多样、生态环境平衡稳定的生态系统。目前，全世界已针对 180 多种海洋生物开展了人工增殖放流，但大多数传统增殖放流多关注渔业资源恢复和回捕数量的增加。迄今，除个别种类的成功案例之外，受市场价格和苗种繁育成本过高等影响，很多海洋生物的增殖放流都无利可图。而海洋牧场增殖放流要遵循“统筹兼顾，生态优先”原则，除了考虑经济生物的增殖放流之外，还要考虑对牧场食物网结构平衡和修复发挥关键作用的目标物种。在重视经济效益的同时，更要重视放流群体对生态系统和遗传资源的影响。要重视海洋牧场生态系统中的组成成分、生物种群结构的繁简、食物链的长短、食物网的复杂性程度以及能量转化、物质循环的途径等。因此，在选择增殖放流物种时，必须首先保证生态安全性，人工放流的物种和数量不得超过海洋牧场所能承受的生态阈值，严格控制放流苗种的遗传水平和自然环境的适应能力，以维持生物种群的遗传多样性和环境适应性，充分发挥增殖放流的资源补充效应。

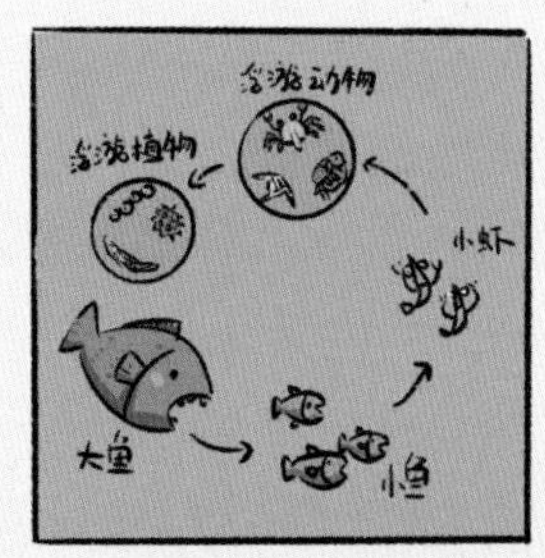

3.
海洋牧场适宜增殖放流的种类有哪些？

海洋牧场增殖放流生物必须是其所属海域的本地物种。放流物种应依据海洋牧场生境类型、功能定位和增殖对象的生物学特性进行选择和确定。一般来说，增殖型海洋牧场宜放流高经济价值的恋礁类生物，养护型海洋牧场宜放流自然种群数量下降的种类，休闲型海洋牧场宜放流适于游钓、潜水观光的水生生物。海洋牧场放流的鱼类主要有黑鲷、真鲷、许氏平鲉、大泷六线鱼、石斑鱼等；头足类主要有金乌贼、曼氏无针乌贼等；棘皮动物主要有海参、海胆等；贝类主要有鲍、牡蛎等。主要增殖放流生物种类参考下表。

类别	生物名称	主要放流海区
鱼类	青石斑鱼	南海、东海
	斜带石斑鱼	南海、东海
	红鳍笛鲷	南海
	大泷六线鱼	黄海、渤海
	褐菖鲉	黄海、东海
	真鲷	南海、东海、黄海、渤海
	黄鳍棘鲷	南海、东海
	黑鲷	南海、东海、黄海、渤海
	许氏平鲉	黄海、渤海
贝类	皱纹盘鲍	黄海、渤海
	长牡蛎	渤海、黄海、东海
海参	仿刺参	黄海、渤海
	花刺参	南海

（续）

类别	生物名称	主要放流海区
头足类	曼氏无针乌贼	黄海、东海
	金乌贼	黄海、渤海

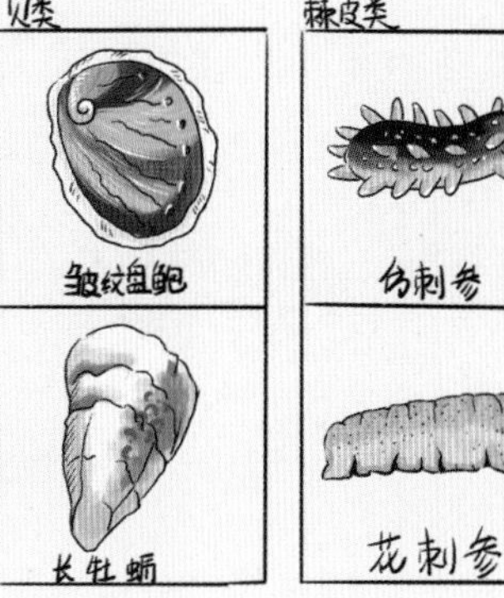

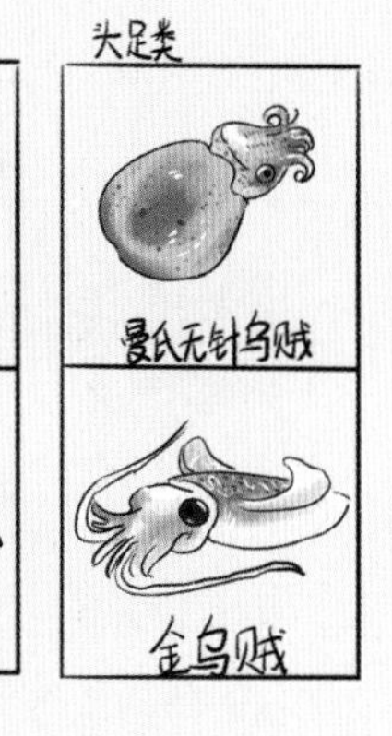

4.
海洋牧场增殖放流的关键环节是什么？

海洋牧场增殖放流应在明确海区生态承载力、功能定位和增殖物种自然种群分布现状的前提下进行，其关键环节主要为亲体选择、苗种培育、野化训练、苗种运输、增殖放流等。（1）亲体选择：增殖苗种的亲体应为海洋

牧场所在海域本地野生原种或原种场保育的原种。（2）苗种培育：人工繁育增殖放流苗种按照有关苗种繁育技术规范进行。（3）野化训练：在放流前 15 天开始投喂活饵进行野化训练，在放流前 1 天视苗种自残行为和程度酌情安排停食时间。（4）苗种运输：根据不同增殖放流种类选择不同运输工具、运输方法和运输时间。运输过程中，避免剧烈颠簸、阳光暴晒和雨淋，运输成活率应达到 90% 以上。（5）增殖放流：根据增殖放流对象的生物学特性和海洋牧场环境条件确定放流时间和放流方法（常规投放、滑道投放、潜水播撒、移植栽培等），在放流过程中做好相关记录。

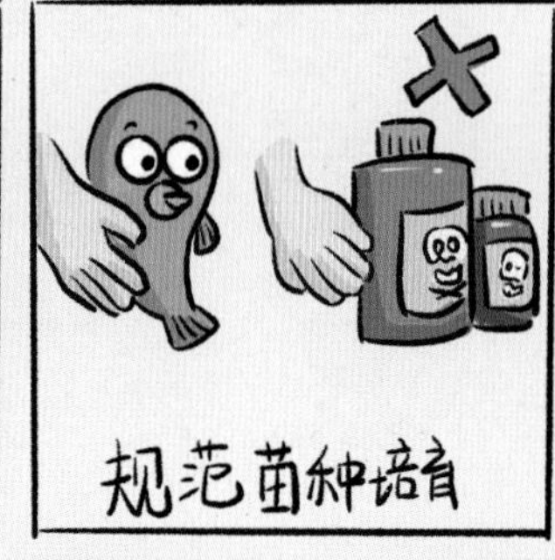

5.
海洋牧场增殖鱼类如何开展野化训练？

人工培育的苗种其行为往往与其野生同类存在一定差异，在放流之前，通过适当的方式对人工养殖鱼类开展野化训练，是提高放流鱼类成活率的有效手段之一。根据不同鱼类的生活习性，当前人们采取的鱼类野化训练方法主要有：（1）提供合适的水流，强化养殖鱼类的游泳能力。（2）用天敌模型等对鱼类进行恐吓训练，使其获得与野生个体相当的识别捕食者的能力。（3）在半自然水体（如海上网箱中）暂养一段时间，使鱼类适应自然水体的理化环境。（4）放流前投喂天然饵料，让鱼类提前适应放流水域的天然食物。（5）参照鱼类野外栖息环境，在人工环境中适当增加环境因子变化（如温度、光周期、盐度等的变化），使其提前适应野外自然环境变化规律。（6）模仿鱼类自然栖息环境，在养殖环境中提供复杂结构物（如水草和石块等），使其在人工环境下学会利用隐蔽物躲避敌害。

6.
海洋牧场渔业资源采捕量如何确定？

为实现海洋牧场渔业资源的可持续产出，兼顾海洋牧场企业的实际经营情况，渔业资源采捕量可遵照以下方法确定：（1）依据经验确定采捕量，根据海洋牧场近 3~5 年资源量变化趋势，参照上一年采捕量或近几年采捕量的平均值确定当年采捕量。（2）依据捕捞限额确定采捕量，根据海洋牧场渔业资源调查和评估结果，基于捕捞量低于渔业资源自然增长量原则，确定当年采捕量。（3）依据生态模型确定采捕量，根据 Ecopath with Ecosim 模型估算海洋牧场采捕种类的生物承载力，结合不同渔业管理策略下采捕种类的资源量变化情况确定当年采捕量。

7.

海洋牧场渔业资源采捕规格如何管控？

为保护海洋牧场渔业资源采捕种类的幼体免遭不合理捕捞，需对采捕种类的长度或体重做出限制性规定。采捕规格的确定应遵循以下原则：（1）大于采捕种类的最小性成熟体长。（2）小于等于海洋牧场渔获物优势组的平均体重。（3）在采捕种类初次性成熟体长范围内或大于初次性成熟体长。（4）大于等于采捕生物群体 50% 性成熟时的体长或体重。（5）小于等于伏季休渔结束（渔业生物开捕）时的平均体长、体重。由于我国海洋牧场多建于近海浅水区域，鱼礁区的资源生物多为幼体，为充分发挥鱼礁区的产卵场和育幼场功能，海洋牧场渔业资源采捕规格建议以大于等于采捕生物群体 50% 性成熟时的体长或体重进行管控。

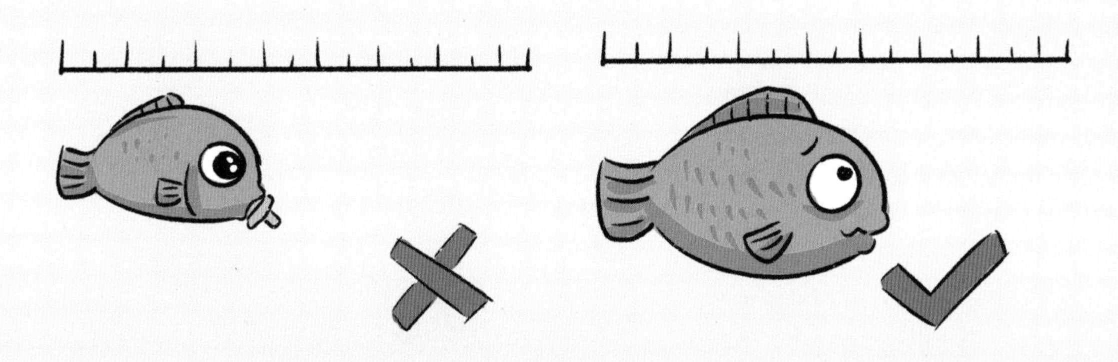

8.
海洋牧场渔业资源采捕方式有哪些？

依据海洋牧场的类型和采捕种类选择合适的采捕方式。目前，海洋牧场渔业资源采捕方式主要有钓具（定置延绳钓、垂钓）、刺网（三重刺网、单片刺网）、笼壶类及潜捕作业等。其中，鱼类可选择钓具、刺网和笼壶类渔具进行采捕；头足类和蟹类宜选择刺网和笼壶类渔具进行采捕；贝类除潜水采捕外可选择笼壶类渔具进行采捕。在伏季休渔期海洋牧场内仅可使用钓具采捕，潜水采捕、刺网、笼壶类等采捕方式的禁用时间与国家规定的各海区伏季休渔期同步。

海洋牧场区禁止采用拖网、张网作业等可能破坏渔业资源、生态环境及海洋牧场设施和装备的渔法进行采捕。钓具和笼壶类作业不得使用有毒有害的渔具材料或者污染水体的饵料，以免对海洋牧场区生态环境和海洋生物造成污染和破坏。此外，为维护海洋牧场生态功能，任何采捕方式不得破坏人工鱼礁等工程设施或生态功能，如容易缠挂的刺网不宜在人工鱼礁区使用等。

海洋牧场允许采捕方式
垂钓
定置延绳钓
笼壶类
单片刺网
三重刺网
潜捕

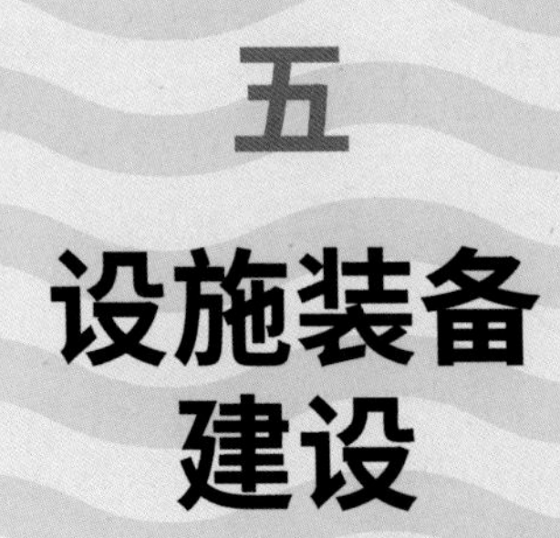

五

设施装备建设

海洋牧场知识科普问答

Haiyang Muchang Zhishi Kepu Wenda

1.
海洋牧场设施装备有哪些？

海洋牧场设施装备包括人工鱼礁、苗种培育设施、行为驯化设施、牧场监测系统、海上平台设施、休闲垂钓设施和船艇配套设施等。人工鱼礁作为海洋牧场的基础设施，其主要功能是保护、修复海洋牧场内的自然栖息地，营造海洋牧场生境；苗种培育设施提供水生生物繁育必需的场所和条件，保障海洋牧场内养护和增殖生物对象的资源补充，亦可暂养增殖对象，培养其对海洋牧场环境的适应性；行为驯化设施利用声、光、电、化学物质等多种因素对海洋牧场对象生物进行训练，更高效地管护海洋牧场生物资源；牧场监测系统包括雷达监测系统、气象采集系统、浮标、潜标、海底观测网等，以实现海洋牧场灾害预警，保障海洋牧场生态和生产安全；海上平台设施是开展海洋牧场生产、管理等活动的基础配套设施；休闲垂钓设施主要用于海洋牧场游钓观光和休闲渔业发展；船艇是连接陆地与海洋牧场的纽带，是服务于海洋牧场生产、运营、管理和休闲观光等活动的交通工具。

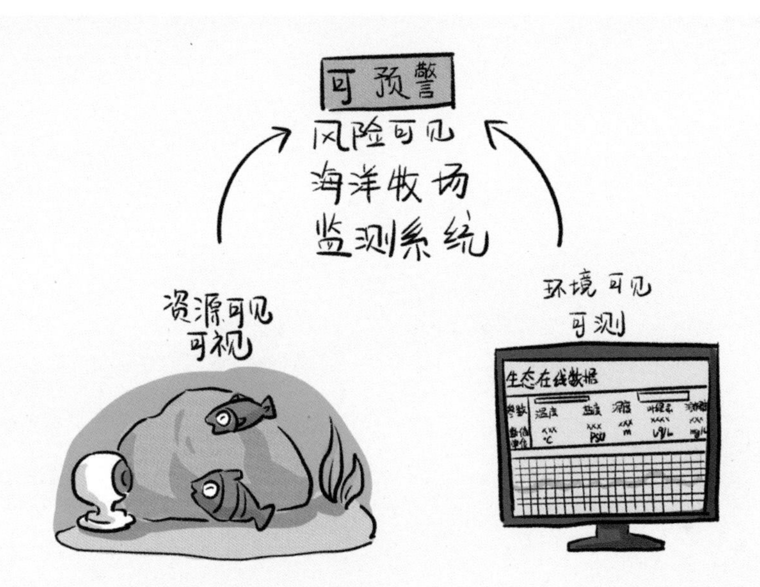

2.
为什么要建海洋牧场监测系统？

海洋牧场建设后，海洋环境有没有改善？鱼类等生物有没有增加？这些问题的答案我们很想知道，但并不容易获取。海洋牧场的生物还会时时受到海洋灾害的威胁，比如低氧灾害、赤潮灾害等都会造成海洋牧场生物的大量死亡，带来巨大的损失。如何预防这些灾害，我们要找到办法。

为了掌握海洋牧场的生态环境和渔业资源状况，为全国性海洋牧场信息平台提供服务，为海洋牧场管护单位、管理部门提供决策依据，我们要进行海洋牧场监测。监测包括常规监测与在线监测两种监测方式。

海洋牧场监测系统是帮助我们进行在线监测的工具，它可以实现海洋牧场的可视、可测、可预警，既是我们了解海洋牧场的眼睛，又是保障牧场生产的守护神。

3.

海洋牧场监测系统主要由哪些部分组成?

海洋牧场监测系统包括浮标在线监测系统、海底在线监测系统、陆基雷达在线监测系统和陆基海上视频在线监测系统等。浮标、雷达及视频系统较为常见，重点对海底在线监测系统组成进行介绍。系统主要由海底观测设施、海底电缆、岸基控制设施三部分组成。

海底观测设施是系统的鼻子和眼睛，它布放于海底，能够测量牧场的环境参数，还能拍摄水下视频，帮助我们直接感知海洋。**海底电缆**是系统的神经，它连接了海底观测设施和岸基控制设施，既可以传输电力，保障水下仪器工作，又可以将数据与视频传到岸上，让我们不用下海便能了解牧场的水下状况。如果海底观测设施离岸较远，也可以采用微波方式进行信息传输，用太阳能等方式供电。**岸基控制设施**是系统的遥控器和中转站，它可直接给海底观测设施发布指令，在岸上就可对水下设备检测与设置；它还可以接入地面的信息传输网络，将数据视频传送到用户和管理者手中。

4.

如何对海洋牧场进行“内窥镜”式在线监测？

海洋牧场监测系统实现的是长期、连续、实时的现代化监测。海底观测设施上搭载了很多先进的仪器设备，比如测量水质环境的多参数水质仪，测量海流的多普勒声学流速剖面仪（ADCP），能实时记录海洋牧场的海洋环境参数；此外，它还搭载了水下摄像机，能够实时将牧场的水下生境拍摄下来。

由于电缆可保证持续的电力供给与信息传输，观测仪器可连续不间断获取数据与视频，并实时将其传输至海洋牧场的信息平台，这就实现了海洋牧场的“可视”“可测”，解决了海洋牧场生物“难觅踪迹”的难题。而基于实时观测的数据，设置生态灾害发生的参数阈值，一旦相关参数超出阈值，系统就会报警提醒，这又实现了海洋牧场的“可预警”。

综合分析，海底有缆监测系统就像是长期安放在海洋牧场的“内窥镜”，这种监测方式可以帮助我们深入海洋内部，完成海洋牧场的“诊断治疗”，确保海洋牧场的可持续健康发展。

5.
如何防止生物在监测系统上附着？

由于海洋牧场监测系统长期布放于水下，一旦生物附着过于严重，仪器的监测效果会大大下降。因此，要保证监测系统正常运行，就要有防止生物附着的手段。

目前监测系统广泛使用的防生物附着方法是紫外线（UV）照射法。在目标仪器周边安装UV灯，利用UV灯发出的紫外线照射仪器设备，防止藻类和其他生物在仪器表面生长。有些UV灯还配备了可旋转的灯珠，并可设置工作周期间歇性亮灭，使得工作效率大大提高。

此外，高压水泵喷水冲洗、防附着电刷物理去污、人工定期保养维护也都是行之有效的防生物附着方法，最重要的是这些方法都不会对海洋牧场生态环境造成破坏。

6.
监测系统的数据最后去了哪里？

智能化、信息化是海洋牧场的发展趋势。建设海洋牧场信息平台是信息化的关键环节。信息平台可以将监测系统获得的数据集成整合，为决策部门、牧场管理者及公众用户提供全面的海洋信息服务。

平台一般应具备数据存储、分析、信息发布及可视化等功能，且应该逐步完善数值模拟、预警预报、决策支持等功能。平台不仅能大幅提高公众对海洋牧场的认识与了解，还可为管理和保护海洋牧场提供决策依据。

由于海洋牧场的特殊性，水下视频的存储、识别、分析也是平台建设的一个关键内容。如在视频识别技术的支持下，将视频图像资料转化为渔业资源统计数据，就可直接指导海洋牧场生产实践与科学研究。

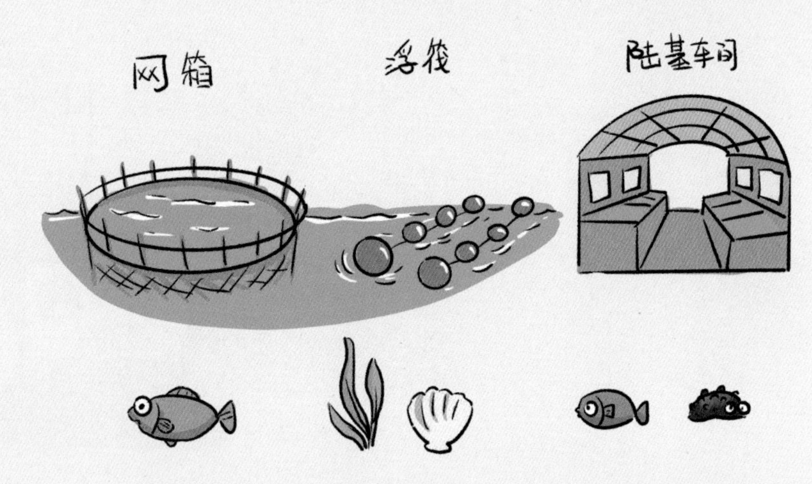

7.

海洋牧场苗种培育需要哪些设施？

海洋牧场苗种培育设施主要包括陆基育苗车间、生物饵料培养设施、岸基育苗池塘、海上育苗浮筏和苗种暂养网箱等，为海洋牧场内底播、放流水生生物的人工培养提供必要的环境和空间以及健康、优质的苗种。苗种培育设施类型应根据海洋牧场所在的陆基和海域条件及增殖对象生物的生物学特性选择。网箱主要用于放流鱼类的培育和暂养，浮筏用于增殖藻类和贝类的培育和暂养，池塘和陆基育苗车间主要用于鱼类、海参等水生动物的育苗和暂养。

虽然苗种培育设施对补充生物资源、提高幼体成活率具有一定的作用，但并不一定适合所有的海洋牧场，且盲目建设会带来成本增加和资源浪费，因此，在建设苗种培育设施前应开展必要性分析，摸清海洋牧场海区生物资源家底，综合考虑本地渔业市场需求。如果海洋牧场海域内本地重要水生生物自然种群数量出现下降，或者本地经济生物野生数量不能满足人类生活生产需要，应通过人工繁育、放流等方式补充生物资源，配套建设苗种培育设施。

8.
如何建设海洋牧场音响驯化设施？

当海洋牧场中存在恋礁性鱼类且该海域满足以下条件时，则该海洋牧场可进行音响驯化设施建设：(1) 海域应适宜音响驯化对象生物栖息、繁育和生长或洄游；(2) 海域最大流速≤ 0.8 米 / 秒；(3) 距离渔业港口(或码头)较近，易于锚泊，往返航道安全，通信无干扰。

音响驯化设备由放声装置（信号发生器、信号放大器、水下扬声器）、自动投饵机、水下摄像机及远程监控装置等组成。声源声压宜选择在 150～160 分贝。放声频率宜选择驯化鱼类听觉敏感频率(建议设为 300 赫兹)。放声波形宜选取正弦波、方形波、锯齿波或其他对目标鱼种有诱集作用的复合波形。每日驯化次数 2～10 次，每次间隔 1～12 小时，每次放声 10～30 分钟，放声和投饵同时进行，每日投饵量为驯化鱼总体重的 1%～2%。单个海洋牧场根据面积确定设备的台套数，一般不少于 3 台，相互间隔 150 米左右为宜，以形成群控效应。

9.

什么是海洋牧场海上平台？

海洋牧场海上平台，是指在海洋牧场区域内设置的用于人员短期驻留，开展海洋牧场生产、管理等活动的海上设施。通过搭载专业设备，可拓展生态监测、安全救助、能源供给、生态观光、休闲体验等功能。

海洋牧场平台有多种分类方法，按停泊方式可划分为固定式海上平台、自升式海上平台和浮动式海上平台；按主体结构材质可划分为钢制材料平台、玻璃钢材料平台、复合材料平台、钢筋混凝土浇筑平台。海洋牧场海上平台主体的单层甲板面积一般在 200 米^{2}以上。

海洋牧场平台按照功能定位可分为休闲游钓平台、渔业生产平台、设备管护平台、综合监测平台。休闲游钓平台为海上观光、海钓、海上渔家宴等提供休闲场所；渔业生产平台主要为海洋牧场内开展的生物底播、放流、采捕等生产活动提供工作场所；设备管护平台主要给海洋牧场内各种设备的安装、存放、维护等提供空间；综合监测平台实现对海洋牧场及周围海域生态环境、生产和生活安全的监测。

10.
海洋牧场一般有哪些配套船艇？

根据生产、运营和管理需要，海洋牧场可以选择配备相应船艇设施，一般包括：

（1）看护船：主要用于开展海洋牧场海上巡航看护，确保海洋牧场安全运营的船艇。

（2）生产船：主要用于海洋牧场水产品捕捞等海上生产作业的船艇。

（3）运输船：主要用于海洋牧场水生生物苗种、捕捞或养成水产品、初级加工水产品以及海洋牧场所需生产物资等运输的船艇。

（4）休闲海钓船：以休闲为主要目的搭载钓客开展海上休闲垂钓活动的船艇。搭载人数不超过 9 人。

（5）休闲渔业观光船：主要用于搭载游客进行海洋牧场海上观光、休闲游览等活动的船艇。

（6）应急船：主要用于紧急情况下快速驶离、安全救助等活动的船艇，一般为配备安全救援设备的快艇。

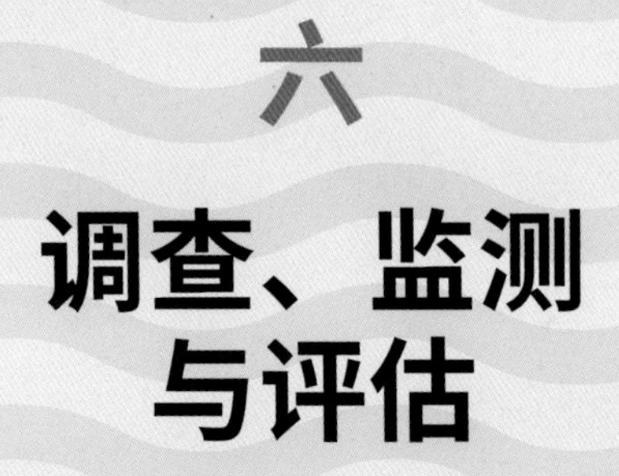

六

调查、监测与评估

海洋牧场知识科普问答

Haiyang Muchang Zhishi Kepu Wenda

1.
什么是海洋牧场调查？

海洋牧场调查是指对海洋牧场建设区海域和对照区海域进行的以掌握环境、生物、生态系统功能和开发利用效果等状况为目的的定期调查，包括海洋牧场建设前的本底调查和建设后的效果调查。

海洋牧场本底调查是指在海洋牧场建设前对拟建海域、周边海域和所在地进行的环境、生物、生态系统功能和渔业生产等的调查，旨在为海洋牧场的规划设计和建设提供依据、为海洋牧场建成后的效果评估提供对比资料。

海洋牧场效果调查，是指为评价海洋牧场建设效果，在海洋牧场建成一段时间后，定期对海洋牧场建成区及周边海域的环境、生物、生态系统功能和渔业生产等变动情况的调查。

海洋牧场本底调查和海洋牧场效果调查的调查站位、调查季节和调查内容相对应。效果调查相对于本底调查，增加环境要素的人工鱼礁状态潜水调查，增加生物要素中的礁体附着生物采样调查、礁区游泳动物水下观测调查，增加海底礁区形态声学勘测等。

2.
海洋牧场调查如何开展？

海洋牧场调查是海洋牧场选址、规划、设计、建设、利用、管理、维护和效果评估等相关工作开展的重要基础和参考依据，是海洋牧场建设、开发和管理不可或缺的重要环节。

调查基本要求：根据海洋牧场的人工鱼礁区、藻（草）场建设区、底播增殖区、资源培育区、休闲垂钓区等分区情况，确定调查时间、调查范围、站位布设、调查内容、调查方法、分析方法以及调查人员，合理制订调查计划。现场调查、站位布设、样品采集、贮存与运输、实验室样品分析、数据处理、综合评价、报告编写等全过程，均须严格按照有关技术标准执行，确保质量。

调查内容包括：环境要素调查（水文、水体化学和表层沉积物，海底地形地貌、海底工程地质和人工鱼礁状态等）、生物要素调查（叶绿素、微生物、浮游植物、浮游动物、鱼卵、仔稚鱼、底栖生物、游泳生物，大型海藻、海草、礁体附着生物等）、生态系统功能要素调查（初级生产功能、新生产功能和细菌生产功能等）和渔业生产要素调查（各类渔业生产方式的努力量、渔获量、单位努力量渔获量、产值和成本等渔业生产信息及进行种群数量评估所需的长度和年龄数据）。

调查主要方法：（1）水文、水体化学和表层沉积物等环境要素利用采样测定的方法进行调查；海底地形地貌采用单波束测深、多波束测深、侧扫声呐测量、浅地层剖面测量等方法调查；海底工程地质采用浅地层剖面探测、海底钻探等方法调查；人工鱼礁状态采用多波束测深、侧扫声呐测量和水下观测等方法调查。（2）叶绿素、微生物、浮游植物、浮游动物、鱼卵、仔稚鱼、底栖生物等生物要素利用采样测定的方法调查；游泳生物可利用拖网、张网、刺网、钓具或者笼壶等渔具进行系统试捕，并结合渔业资源声学、水下观测等方法调查；大型海藻、海草和附着生物采用水下定量采样的方法调查。（3）渔业生产要素采用走访渔业主管部门、收集渔业生产统计资料和行业生产统计资料等方法调查。

3.

海洋牧场监测方式有哪些？

海洋牧场监测包括在线监测与常规监测两种监测方式。在线监测方式根据监测系统的不同主要分为海底在线监测、海上浮标在线监测、陆基雷达在线监测及陆基海上视频在线监测等。常规监测是指对已建成海洋牧场及其对照区进行的以掌握其环境、生物、海底生境等要素现状及变化

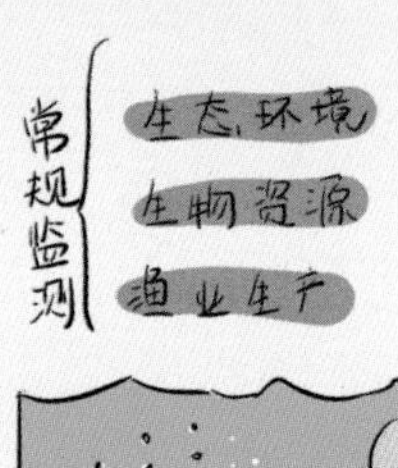

状况为目的的长期逐年相对固定时期的监测。

海洋牧场常规监测的要素包含环境、海洋生物、海底生境、渔业生产等。海洋牧场在线监测依托在线监测系统，实现对海洋牧场海洋环境、海洋生物、渔业生产、海底生境、运行状况等要素的长期、连续监测。

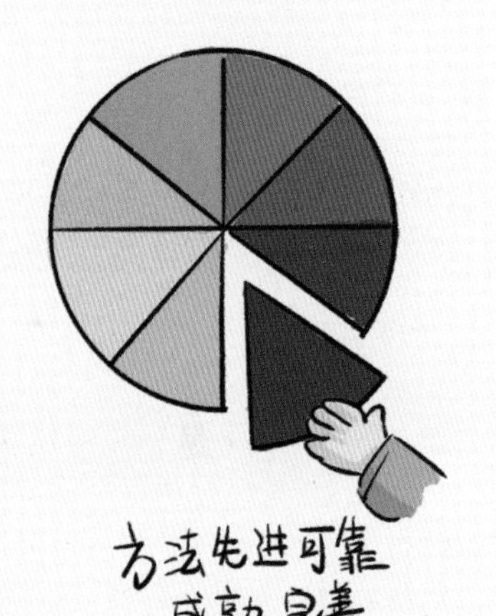

4.
如何做好海洋牧场监测？

海洋牧场常规监测应在海洋牧场范围内设置站位，长期逐年在相对固定的时期对环境、生物、海底生境等要素进行监测。

海洋牧场在线监测应在牧场典型区域设置站位，依托在线监测系统，对环境、生物、海底生境等要素进行长期、连续监测。

海洋牧场监测要素及指标的选取要有科学依据，宜考虑海洋牧场的类型与主要特征、海洋牧场的评价及复查指标，选取易监测、针对性强、有代表意义的指标进行监测；监测方法先进可靠、成熟完善，宜有成功应用案例作为技术支撑，便于在海洋牧场实施；相关监测系统或设备易于维护与保养。

5. 海洋牧场建设效果如何评估？

评估原则：（1）全面评估原则，即对各种类型的海洋牧场从生态、经济、社会三方面综合评估建设效果；（2）分类侧重原则，即根据海洋牧场类别的不同，评估的侧重点有所不同，养护型海洋牧场主要侧重生态效益和社会效益，增殖型海洋牧场主要侧重经济效益和生态效益，休闲型海洋牧场主要侧重经济效益和社会效益；（3）重点突出原则，即养护型海洋牧场宜重点阐述生物资源或者生态环境的变动情况，增殖型海洋牧场宜重点阐述增殖对象的变化情况，休闲型海洋牧场宜重点阐述休闲垂钓或者渔业观光的效果。

评估内容：（1）生态效益评估主要包括水文、水质、表层沉积物、海洋生物、人工鱼礁状态等内容；（2）经济效益评估主要包括产出价值评估和投入产出比等内容；（3）社会效益评估主要包括产业影响、促进就业、科普宣传效果等方面。

评估方法：（1）现状评估，即对海洋牧场的海洋环境、海洋生物、渔业生产、海底生境、运行状况等要素现状及变化状况进行描述和分析；（2）变动评估，即比较历次监测或时间序列监测的结果变化，并分析产生变化的原因；（3）对比评估，即比较海洋牧场区和对照区的差别，并分析产生差别的原因；（4）人工鱼礁状态评估，包括位置、数量、沉降、稳定性、完整性等状况。

6.
如何编制海洋牧场评估报告？

海洋牧场评估报告的编写要符合任务书、上级指令文件、合同或监测实施计划要求，力求内容全面、重点突出、论据充分、文字简练。

编制海洋牧场评估报告的内容主要包括：前言（监测任务及其来源、监测区基本情况、监测方式及监测时间、监测站位及监测项目、监测方法和分析方法等）、监测结果（海洋环境、海洋生物、渔业生产、海底生境、运行状况等）、效果评估（生态效益、经济效益、社会效益等方面的评估）、总结和建议（总结监测和评估结果，提出针对性的海洋牧场管理和利用建议）、附录（或名录）等。可根据海洋牧场监测评估项目的具体要求，对海洋牧场评估报告有关章节和内容做适当增减和调整。海洋牧场评估报告中文字分析及其所引用的数据统计表、图片应附入报告。

七 开发利用

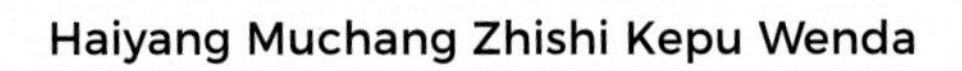

1.
海洋牧场如何开发利用？

海洋牧场的开发利用，包括对海洋牧场的海洋环境、海底生境、海洋生物等资源进行开发，对海洋牧场海域及其空间进行综合利用。利用海洋环境、海底生境、海洋生物等资源，可进行海洋牧场食物资源开发，推动水产养殖业、捕捞业、加工业、增殖业、休闲渔业和相关产业发展。利用海洋牧场海域及其空间，可进行海洋牧场旅游资源开发，实现观光、游览、疗养、度假、娱乐、文化、体育等相结合的综合开发利用。

2. 海洋牧场开发利用主要包括哪些内容？

海洋牧场开发利用主要包括五个方面的内容：一是直接从海洋牧场获取产品的生产和服务；二是直接从海洋牧场获取的产品的一次加工生产和服务；三是直接应用于海洋牧场和海洋牧场开发活动的产品的生产和服务；四是利用海洋牧场水体、空间和设施作为生产过程的基本要素所进行的生产和服务；五是与海洋牧场密切相关的海洋科学研究、教育、社会服务和管理。

3.
当前海洋牧场开发利用现状如何？

目前，产业化开发已成为海洋牧场可持续发展的关键，开发与利用的程度因地而异。分布在黄海、渤海区的北方海洋牧场多数定位为增殖型和休闲型，以企业为主体建设运营，如在山东省、河北省、辽宁省等地，大多数海洋牧场采取海参及贝类底播、岩礁性鱼类放流等渔业生产以及水产品流通加工，实现产业链延伸，部分海洋牧场开展观光、科普、运动、文化传承等休闲渔业活动，海洋牧场的渔业生产和休闲渔业开发并重发展，均取得了较好的综合效益。然而，分布在辽宁省和天津市的部分养护型海洋牧场，目前仍以渔业资源养护为主，因运营模式制约尚未得到很好的开发利用。

分布在东海、南海区的海洋牧场多数定位为养护型，以政府部门为主体建设管理，以渔业资源养护为主，部分开展了试验性开发利用。如浙江省舟山市、宁波市和广东省阳江市等地区，开展了旅游综合体打造、传统渔场恢复、海珍品底播等模式的开发利用，有效提升资源利用率，保障项目可持续发展。海南省休闲型海洋牧场以珊瑚移植修复、人工鱼礁建设为手段，开展了以水下潜水观光为主的休闲渔业探索，广西的休闲型海洋牧场正在积极探索多种模式相融合。

黄海、渤海
增殖型、休闲型

东海、南海
养护型

海南省

4.
如何选择海洋牧场适宜产业？

海洋牧场产业以海洋牧场为综合载体，统筹推进水产养殖业、捕捞业、加工业、增殖业、休闲渔业五大产业协调发展，契合互联网、旅游、休闲、文化、健康等产业发展，实现一、二、三产业深度开发融合。在具体进行海洋牧场开发利用时，应充分考虑海洋牧场自然资源禀赋和生态承载力、海洋牧场特色和生物资源特点、海洋牧场产业基础和发展潜力。

养护型海洋牧场选址在渔业资源保护区域和珊瑚、海藻、海草分布区海域，主要建设内容包括养护礁、产卵礁、珊瑚礁和藻礁等保护性鱼礁建设，珊瑚、海藻和海草种植或移植，特色物种增殖，休闲旅游设施配置等。养护型海洋牧场适宜选择滨海旅游、海底观光、水族观赏、渔业资源养护体验、休闲垂钓和科普教育等产业。

增殖型海洋牧场选址于可大规模增养殖经济种类的海域，主要建设内容包括人工鱼礁建设、经济种类增养殖、增养殖设施和休闲体验设施配置等。增殖型海洋牧场适宜选择良种繁育、增殖放流、选择性捕捞、海产品加工流通、休闲垂钓和渔文化体验等产业。

休闲型海洋牧场选址于海域环境条件适合休闲渔业和滨海旅游的海域，主要建设内容包括海底景观人工鱼礁建设、海珍品增养殖、休闲渔业设施配置等。休闲型海洋牧场适宜选择休闲垂钓、海钓赛事、海洋体育、渔业观光和文化娱乐等产业。

5.

发展海洋牧场产业应注重哪些方面？

一是坚持生态优先。海洋牧场产业是建立在健康的海洋生态系统基础上的，无论是增殖型海洋牧场还是休闲型海洋牧场建设，都要加强海域环境评估、合理布局和人工鱼礁设计，开展资源养护、生境修复和恢复，在资源丰富与环境优良的基础上发展海洋牧场的相关产业。

二是坚持陆海统筹。海边陆地设施与海上生产合理布局，陆海联动；增殖型海洋牧场需要在海边岸基上建立育苗场和中培养殖场等，为海洋牧场提供优质海珍品苗种等；休闲型海洋牧场需要在海边岸基建设游客服务中心和海洋牧场科技馆等，为游客提供周到与安全的旅游服务。

三是坚持三产贯通。在发展增养殖和捕捞产业的基础上，大力发展水产品加工与流通等二、三产业，特别是发展休闲渔业，带动周围渔民参与海钓、餐饮和海上旅游等服务业。

6.
未来海洋牧场开发利用的方向是什么？

一是坚持保护与利用并进。充分利用水域自然生产力，充分减少水体营养盐存量，保护水域生态系统，确保水产品质量安全。实现增收入，采用融合发展的创新模式，提升渔民经济收益；实现增就业，延长产业链，拓展产业空间，实施渔旅产业融合，增加社会就业；实现增碳汇，充分发挥生态牧场生物固碳能力，实施清洁能源与生态牧场融合发展，助力实现双碳目标。

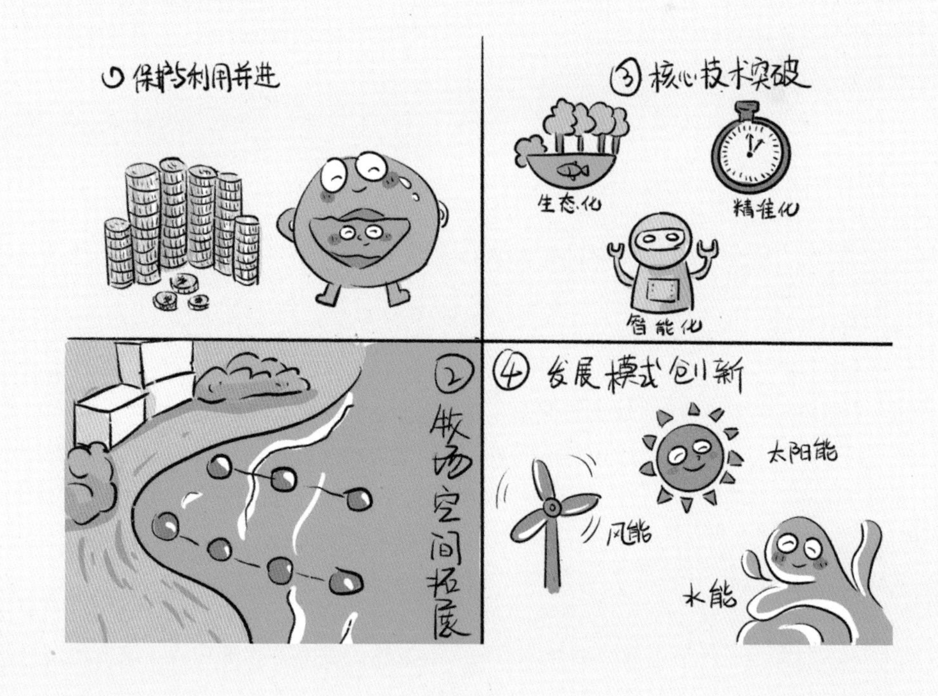

二是实现牧场空间拓展。要坚持保护优先，统筹水资源合理开发利用和保护，拓展海洋牧场发展空间，形成涵盖海洋和淡水水体的水域生态牧场。全域型水域生态牧场是未来发展的目标，将特定湖泊、河口、海湾等作为一个整体，基于生态系统原理开展选址、布局、建设、监测、管理。根据建设类型、规模、增殖放流目标种和水域特征，优化生态牧场空间布局，实现陆海统筹、四场联动，充分体现水域生态系统的整体性。

三是聚焦核心技术突破。推动核心技术生态化、精准化、智能化发展，开发生态牧场机械化播苗、自动化监测、精准化计量与智能化采收装备，构建生态牧场资源环境信息化监测平台，研发灾害预警预报与专家决策系统，提高生态牧场运行管理的智能化水平。

四是推动发展模式创新。强化景观融合、资源融合和产业融合，运用景观生态学理念，研发生态牧场多维场景营造技术，开发复合高效多营养层次系统构建模式，实现净水保水与资源养护的一体化；结合生态牧场海域光照、风力和水动力资源特征，充分利用太阳能、风能和波浪能等清洁能源，研发生态牧场智能安全保障与深远海智慧养殖融合发展平台；布局以水域生态牧场为核心的跨界融合产业链条，创建产业多元融合发展模式。

7.

如何发展北方海洋牧场的休闲渔业？

北方海洋牧场多为增殖型和休闲型海洋牧场，渔业资源丰富，产业基础较好，渔文化底蕴深厚，相关支持政策较多，具备开展休闲渔业的先决条件。北方海洋牧场目标生物多数为岩礁性鱼类，是休闲垂钓主要渔获物；山东、河北、辽宁等地的钓具、钓鱼艇及海上平台等制造业发达，为海洋牧场发展休闲渔业提供了良好的产业基础；同时，来自沿海和内陆的海钓爱好者和旅游人群数目庞大。北方各沿海省市相继出台支持政策，鼓励休闲渔业与海洋牧场融合发展，均取得了良好效果。

然而，北方海洋牧场休闲渔业运营期较短，开发和运营方式比较粗放，政府应加大政策引导力度，加快公共基础设施建设，鼓励经营主体进行精细化设计和科学化管理。依据《海洋牧场休闲服务规范》（GB / T 35614—2017），北方海洋牧场发展休闲渔业应充分利用既有设施，适当进行所必需的新设施建设，开展观光、科普、养生、运动、文化传承、交流、赛事等休闲渔业项目，注重安全保障、陆海交通、海上服务等设施建设和安保、教练等人员配置，宜体现地方渔俗文化，最大限度地吸纳渔民参加，同时做好品牌建设和市场宣传，将海洋牧场打造成海洋休闲旅游目的地。

以山东省“渔夫垂钓”为例，为了促进休闲垂钓旅游产业发展，山东省充分利用渔业资源，满足群众休闲垂钓需求，推进具有山东特色的休闲旅游渔业建设，促进海洋经济和现代渔业发展方式转变，以海洋牧场为综合载体，将渔业与互联网、旅游、休闲、文化、健康等产业深度融合，培育产业链相加、价值链相乘、流通链相通的“新六产”。依托海洋牧场大力发展休闲渔业，扶持创建了15处省级休闲海钓基地，拥有专业休闲海钓船189艘，举办各类赛事活动，休闲海钓拉动的消费总额为所钓鱼品价值的数十倍。“渔夫垂钓”品牌在全国打响，“到山东，有鱼钓”成为业界共识和山东旅游新热点。北方海域的渔业特色小镇建设初见成效，塑造了终端型、体验型、循环型、智慧型新产业新业态，从单纯养鱼延伸到放鱼、钓鱼、赏鱼、品鱼、识鱼、加工鱼、售卖鱼，使“一条鱼”产生了“多条鱼”的价值。

8.
如何发展南方海洋牧场的休闲渔业？

南方的海洋牧场以公益性资源养护型海洋牧场为主，但休闲型海洋牧场的建设模式也在探索中，休闲渔业发展潜力巨大。南海热带海域具有独特的地理条件，岛礁众多，海岛风光旖旎，旅游业十分发达；南海海水透明度高，水温常年在 20℃以上，全年均可下海，珊瑚礁生态系统独具特色，生物多样性丰富，水下景观优美，十分适宜开展休闲潜水娱乐活动。依托海洋牧场开发丰富多样的休闲渔业活动可实现与热带海岛旅游业的完美融合。旅游与休闲渔业开发过程中保证海洋牧场生态系统的稳定健康是重中之重。这需要专业的旅游开发公司与熟悉热带休闲型海洋牧场技术的科研部门合作，以经营性海洋牧场为建设模式，才能保证开发与管理的有序与科学。

以三亚蜈支洲岛海域国家级休闲旅游型海洋牧场示范区为例。该示范区是热带岛屿旅游 5A 级景区，每天上岛游客 8 000~10 000 人次，年接待游客 300 万人次。蜈支洲岛旅游区从 2010 年开始在海岛外围海域开展海洋牧场建设，截至 2021 年 8 月共计投放人工鱼礁近 8 万空方，其中包括资源养护礁、海珍品增殖礁、珊瑚修复礁、水下景观礁和浮鱼礁等，起到了修复珊瑚礁生态系统、恢复生物资源的良好效果。示范区秉承“保护与开发并重”的原则，与科研院校合作开展牧场生态系统的监测、维护和修复，同时在严格规范旅游行为的基础上（如环境污染管控制度、海洋生物禁捕制度、潜水行为规范、潜水区定期轮换制度等），开发了休闲海钓（平台海钓、游艇海钓和快艇海钓等）、海底观光（半潜船观光、海底漫步等）、休闲潜水（浮潜、进阶潜水、堡礁潜水等）等旅游模式，结合传统多样化的水面运动相关项目，给不同年龄段的游客带来多元选择。示范区多次承办不同层次的海钓大赛、水下摄影和潜水大赛等，吸引了大量的国内外游客，成为南方海洋牧场休闲渔业产业模式的典范。

休闲海钓
海底观光
休闲潜水

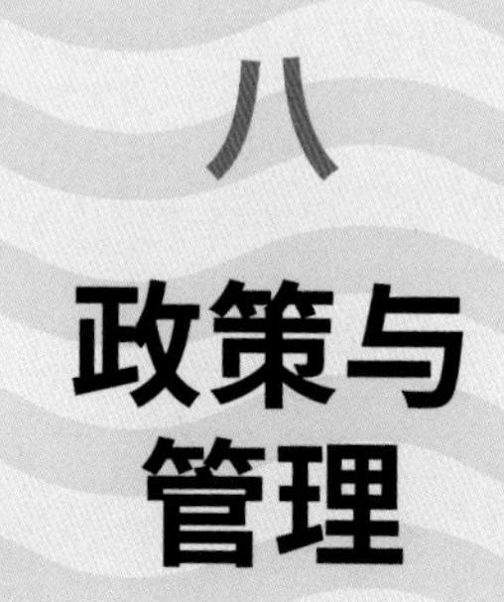

八 政策与管理

海洋牧场知识科普问答

Haiyang Muchang Zhishi Kepu Wenda

1.
海洋牧场相关制度法规和标准都有哪些？

海洋牧场建设与开发，涉及生态环境保护、生物资源安全、产业经济发展等方面，需要法律法规的支撑和保障。为此，国家和地方陆续出台了海洋牧场相关的法律法规及技术标准等，构成目前我国规制海洋牧场的法律规范体系和标准体系（见下表），为海洋牧场建设和管理提供了法制保障和技术支撑。

序号	文件层级	文件
1	法律	《中华人民共和国海洋环境保护法》
2		《中华人民共和国渔业法》
3		《中华人民共和国海域使用管理法》
4	行政法规	《中华人民共和国防治海洋工程建设项目污染损害海洋环境管理条例》
5		《中华人民共和国航道管理条例》
6	国务院文件	《国务院关于印发〈中国水生生物资源养护行动纲要〉的通知》
7	部门规章	《水生生物增殖放流管理规定》
8		《海洋工程环境影响评价管理暂行规定》
9		《涉水工程施工通航安全保障方案编制与技术评审管理办法》
10	规范性文件	《农业部关于印发〈国家级海洋牧场示范区建设规划（2017—2025年）〉的通知》（农发渔〔2017〕39号）
11		《农业农村部办公厅关于印发〈国家级海洋牧场示范区管理工作规范〉的通知》（农办渔〔2019〕29号）
12		《农业农村部办公厅关于印发〈人工鱼礁建设项目管理细则〉的通知》（农办渔〔2018〕66号）
13		《农业农村部办公厅关于印发〈国家级海洋牧场示范区年度评价及复查办法（试行）〉的通知》（农办渔〔2018〕68号）
14		《关于印发〈人工鱼礁建设项目验收工作规范（试行）的通知〉》（农渔资环函〔2019〕90号）

序号	标准类别	标准号及名称
1	国家标准	GB/T 40946—2021《海洋牧场建设技术指南》
2		GB/T 35614—2017《海洋牧场休闲服务规范》
3	行业标准	SC/T 9111—2017《海洋牧场分类》
4		SC/T 9416—2014《人工鱼礁建设技术规范》
5		SC/T 9417—2015《人工鱼礁资源养护效果评价技术规范》
6		SC/T 9401—2010《水生生物增殖放流技术规程》
7		SC/T 9403—2012《海洋渔业资源调查技术规范》
8	团体标准	TSCSF 0001—2020《人工鱼礁建设工程质量评价技术规范》
9		TSCSF 0002—2020《海洋牧场在线监测信息化建设技术规范》
10		TSCSF 0003—2020《海洋牧场海草床建设技术规范》
11		TSCSF 0004—2020《海洋牧场海藻场建设技术规范》
12		TSCSF 0005—2020《人工鱼礁礁体制作技术规范》
13		TSCSF 0006—2020《人工鱼礁礁体运输、投放技术规范》
14		TSCSF 0007—2020《海洋牧场资源增殖技术指南》
15		TSCSF 0008—2020《海洋牧场渔业资源采捕技术指南》
16		TSCSF 0009—2020《海洋牧场鱼类音响驯化技术规程》
17		TSCSF 00010—2021《海洋牧场珊瑚礁建设技术规范》
18		TSCSF 00011—2021《海洋牧场建设规划设计技术指南》
19		TSCSF 00012—2021《人工鱼礁建设选址技术规程》
20		TSCSF 0013—2021《海洋牧场本底调查技术规范》
21		TSCSF 0014—2021《海洋牧场效果调查评估技术规范》
22		TSCSF 0015—2022《海洋牧场牡蛎礁建设技术规范》
23		TSCSF 0016—2022《人工鱼礁建设地质勘察技术规范》
24		TSCSF 0017—2022《人工鱼礁声学勘测评估技术规范》
25		TSCSF 0018—2022《海洋牧场建后管理与维护指南》
26		TSCSF 0019—2022《人工鱼礁建设布局技术指南》

2.

国家在推进海洋牧场建设方面都开展了哪些工作？

当前国家高度重视海洋牧场建设工作。党中央国务院多个文件提出要加强海洋牧场建设，习近平总书记对海洋牧场建设作出重要指示批示。《中华人民共和国国民经济和社会发展第十四个五年规划和 2035 年远景目标纲要》明确提出建设海洋牧场。农业农村部等相关部委重点从规划引领、示范带动、规范管理、科技支撑、投入保障等方面积极推动海洋牧场科学有序发展。

一是做好海洋牧场规划引领。2017 年编制发布《国家级海洋牧场示范区建设规划（2017—2025）》，切实加强了示范区建设规范指导。辽宁、山东、江苏、海南等省也相继发布海洋牧场建设相关规划。

二是开展海洋牧场试点示范。2015 年启动了国家级海洋牧场示范区（以下简称“示范区”）创建工作。截至 2022 年底，已创建 8 批 169 个示范区，引领带动了全国海洋牧场持续健康发展。近年来还积极推进山东、海南等地现代化海洋牧场建设试点示范，深入探索现代海洋渔业发展新模式。

三是强化海洋牧场规范管理。为确保海洋牧场建设持续健康发展，农业农村部先后制定并印发多个文件，对海洋牧场规划布局、选址、建设、运行维护、评估监测等方面提出明确要求。同时，海洋、环境等部门按照职责分工加强了海洋牧场海域使用监管。

四是加强海洋牧场科技支撑。成立了农业农村部“海洋牧场建设专家咨询委员会”，设立第一批 29 个科技团队工作站；先后组织制定了《海洋牧场分类》《人工鱼礁建设技术规范》《海洋牧场建设技术指南》等相关技术标准，并启动了海洋牧场建设与管理系列技术规范的编制工作。

五是争取海洋牧场建设投资。2007 年起，国家开始安排财政专项资金支持海洋牧场建设。2015 年以来，全国累计统筹利用国内渔业油价补贴转移支付专项资金 27 亿余元，支持 120 个人工鱼礁项目建设。在中央财政资金引导下，各地纷纷加大投入力度，累计投入建设资金 100 多亿元。

3.
国家对海洋牧场建设有什么支持政策？

国家主要从三个方面对海洋牧场建设进行支持，一是加强试点示范，对符合要求的海洋牧场给予“国家级海洋牧场示范区”荣誉称号，并对外公布。二是给予扶持资金。国家每年从渔业发展补助资金中拿出一部分资金专门用于支持海洋牧场建设。每个项目补助资金不超过 2 500 万元，主要用于支持开展人工鱼礁的设计、建造和

投放，海藻、海草和珊瑚等种（移）植，海洋牧场可视化、智能化、信息化建设，以及管理维护平台和监测维护等配套设施设备建设。山东、广东以及辽宁大连等省、市也利用地方财政资金支持海洋牧场建设。三是其他扶持政策。除资金支持外，部分地方还在减免海域费用、简化环评和用海审批手续，以及信贷、税收、保险、陆基配套土地供给等方面给予政策扶持。

4.
什么是国家级海洋牧场示范区？

国家级海洋牧场示范区是具有一定海洋牧场建设基础和发展潜力以及显著示范带动作用，达到农业农村部规定的基本创建要求，并经农业农村部评审、公布的海洋牧场。

根据《中国水生生物资源养护行动纲要》提出的“建立海洋牧场示范区”的部署安排，2007 年起中央财政开始对海洋牧场建设给予专项支持，但总体上，我国海洋牧场建设还存在引导投入不足、整体规模偏小、基础研究薄弱、管理机制不健全等问题，与国外先进水平相比存在很大差距。

2015 年农业部启动国家级海洋牧场示范区创建工作。截至 2022 年底，已创建 8 批共 169 个示范区，引领带动了全国海洋牧场建设持续健康发展。

5.
国家级海洋牧场示范区建设规划目标是什么？

2017 年，农业部印发《国家级海洋牧场示范区建设规划（2017—2025 年）》（以下简称“《建设规划》”），明确了国家级海洋牧场示范区的建设规划目标，即到 2025 年，在全国创建区域代表性强、生态功能突出、具有典型示范和辐射带动作用的国家级海洋牧场示范区 178 个，推动全国海洋牧场建设和管理科学化、规范化；全国累计投放人工鱼礁超过 5 000 万空方，海藻场、海草床面积达到 330 千米^2，形成近海“一带三区”（一带指沿海一带，三区指黄渤海区、东海区、南海区）的海洋牧场新格局；构建全国海洋牧场监测网，完善海洋牧场信息监测和管理系统，实现海洋牧场建设和管理的现代化、标准化、信息化；建立起较为完善的海洋牧场建设管理制度和科技支撑体系，形成资源节约、环境友好、运行高效、产出持续的海洋牧场发展新局面。

为更好地适应海洋牧场建设的新形势、新任务，推动海洋牧场科学有序发展，2019 年农业农村部印发了《关于修订〈国家级海洋牧场示范区建设规划（2017—2025 年）〉的通知》，对《建设规划》有关内容进行了调整。一是调整了示范区建设数量。即到 2025 年，在全国创建区域代表性强、生态功能突出、具有典型示范和辐射带动作用的国家级海洋牧场示范区 200 个。二是增加了示范区建设内容。考虑到珊瑚礁生态资源在南方海洋生态系统中具有重要作用，且已成为南方海洋牧场建设的有效手段，为更好地发挥海洋牧场生态修复作用，海洋牧场建设内容增加珊瑚种植修复。三是调整了示范区建设布局。对 2017—2025 年国家级海洋牧场示范区规划建设布局进行修改完善，调整后规划共包括 156 片海域。

6.
如何申报国家级海洋牧场示范区？

农业农村部每年印发文件，组织开展国家级海洋牧场示范区创建。海洋牧场建设单位可以根据文件要求提出申请，逐级报送省级渔业主管部门。通过省级渔业主管部门初审和推荐后，农业农村部再组织评审并公布。具体程序如下：

一是海洋牧场建设单位编制示范区申报书，申报书内容包括示范区的基本情况、已开展的工作、管理运行现状、申报理由等，并提供相关证明材料一并作为申报材料。

二是省级渔业主管部门对申报材料进行初审，对符合条件的，填写《国家级海洋牧场示范区创建推荐表》，并将申报材料报送至农业农村部渔业渔政管理局。

三是农业农村部对省级渔业主管部门推荐的国家级海洋牧场示范区进行组织评审。评审通过的，由农业农村部统一命名并对外公布；未通过的，可以继续完善并在下个年度再次申报。

7.

申报国家级海洋牧场示范区需要具备什么条件？

根据《国家级海洋牧场示范区管理工作规范》(农办渔〔2019〕29号)，符合以下条件的可以申请创建示范区。

（一）选址科学合理。所在海域原则上应是重要渔业水域，对渔业生态环境和渔业资源养护具有重要作用，具有区域特色和较强代表性；有明确的建设规划和发展目标；符合国家和地方海域管理、渔业发展规划和海洋牧场建设规划，以及生态保护红线和其他管控要求，与水利、海上开采、航道、港区、锚地、通航密集区、倾废区、海底管线及其他海洋工程设施和国防用海等不相冲突。

（二）自然条件适宜。所在海域具备相应的地质水文、生物资源以及周边环境等条件。海底地形坡度平缓或平坦，礁区或拟投礁区历史低潮水深一般为6~100米（河口等特殊海域经专家论证后水深可低于6米），海底地质稳定，海底表面承载力满足人工鱼礁投放要求。具有水生生物集聚、栖息、生长和繁育的环境。海水水质符合二类以上海水水质标准（无机氮、磷酸盐除外），海底沉积物符合一类海洋沉积物质量标准。

（三）功能定位明确。示范区应以修复和优化海洋渔业资源和水域生态环境为主要目标，通过示范区建设，能够改善区域渔业资源衰退和海底荒漠化问题，使海域渔业生态环境与生产处于良好的平衡状态；能够吸纳或促进渔民就业，使渔区经济发展和社会稳定相互促进。配套的捕捞生产、休闲渔业等相关产业，不影响海洋牧场主体功能。

（四）工作基础较好。黄渤海区示范区海域面积原则上不小于3千米^2，东海和南海区示范区海域面积原则上不小于1千米^{2}或已投放礁体总投影面积不小于3公顷，海域使用权属明确；黄渤海区已建成的人工鱼礁规模原则上不少于3万空方，东海和南海区已建成的人工鱼礁规模原则上不少于1.5万空方，礁体位置明确，并绘有礁型和礁体平面布局示意图。具有专业科研院所（校）作为长期技术依托单位。常态化开展增殖放流，采捕作业方式科学合理，经济效益、生态效益和社会效益比较显著。示范区应吸纳一定数量转产转业渔民参与海洋牧场管护，周边捕捞渔民合法权益得到保障。

（五）管理规范有序。示范区建设主体清晰，有明确的管理维护单位，有专门规章制度，并建有完善档案。示范区需落实安全生产责任制，具备完善的安全生产管理制度。建有礁体检查、水质监测和示范区功效评估等动态监控技术管理体系，保证海洋牧场功能正常发挥；能够通过生态环境监测、渔获物统计调查、摄影摄像、渔船作业记录调查和问卷调查等方式，评价分析海洋牧场建设对渔业生产、地区经济和生态环境影响。

海洋牧场按照以上要求建设，再申报创建，如评审通过即可成为国家级海洋牧场示范区。

8.
国家级海洋牧场示范区如何管理？

农业农村部建立“年度评价、目标考核、动态管理、能进能退”的考核管理机制。组织开展年度评价和复查工作，并构建动态监管信息系统，对示范区的运行情况进行跟踪监测。具体分三级进行管理。

（一）县级渔业主管部门主要负责示范区日常管理。建立健全示范区管理维护体制机制，制定具体的管理目标和管理要求，通过合同约定和委托授权等方式，明确管理维护单位职责和权益，切实加强示范区管护，确保示范区发挥生态效益和公益性功能。同时县级以上渔业主管部门还应加强对示范区建设和运行情况的监督检查，定期组织对示范区建设、资源恢复和环境修复等效果情况开展监测或调查评估。

（二）省级渔业主管部门主要负责示范区年度评价。年度评价工作从示范区正式公布后的第 3 年开始开展，以后每年开展一次。省级渔业主管部门采用书面评价与现场考评相结合的方式，对示范区的建设和运行情况进行年度评价，评价结果分为好、较好、一般、差 4 个档次。示范区管理维护单位每年 12 月底前上报年度总结报告，省级渔业主管部门根据报告情况决定是否组织现场考评。省级渔业主管部门每年 3 月底前将上一年度示范区考评结果报送农业农村部，由农业农村部对示范区的年度评价结果予以通报。评价结果为差的示范区，农业农村部督促其制定整改方案并限期整改；限期内未完成整改或整改后未达到要求的，撤销其示范区称号。

（三）农业农村部主要负责示范区复查工作。复查工作从示范区正式公布后的第 5 年开始开展，以后每 5 年开展一次。复查内容包括示范区工作开展、综合效益以及典型引领和辐射带动作用发挥等情况。复查以检查工作组实地核查的方式进行。工作组要求 5 人以上，由当地渔业主管部门人员和专家组成，专家从海洋牧场建设专家咨询委员会中随机抽取。对复查不合格的示范区，将撤销其称号，复查结果较好的将在政策支持和项目安排方面予以倾斜。

9.

什么是国家级海洋牧场示范区建设项目？

“十四五”期间，农业农村部、财政部支持各地建设国家级海洋牧场，推动海洋渔业高质量发展，支持方式为设立国家级海洋牧场示范区建设项目，即中央财政对各地在国家级海洋牧场示范区内实施的海洋牧场建设项目予以适当奖补，补助上限为 2 500 万元。主要建设内容是人工鱼礁的设计、建造和投放，海藻、海草和珊瑚等种(移)植，海洋牧场可视化、智能化、信息化建设，以及管理维护平台和监测维护等设施设备建设。中央财政奖补资金仅对海洋牧场项目申报后新增建设内容予以补助，申报前建设的内容不予支持，也不得计入完成的项目任务量。

项目实施程序如下：一是项目遴选。农业农村部、财政部确定年度各省份申报指标。各省份农业农村（渔业）、财政部门根据本省份年度申报指标数量确定申报名单，报送农业农村部、财政部。二是项目评审。农业农村部开展合规性审查，将符合条件的纳入遴选评审名单。农业农村部、财政部组织专家对申报项目进行评审，确定奖补名单，并通过适当方式进行公开公示。三是项目验收。省级农业农村（渔业）、财政部门负责组织项目验收，并将验收结果报农业农村部、财政部备案。

10.
海洋牧场建设前期要做哪些工作？

海洋牧场建设前须开展本底调查，编制可行性研究报告，并办理海域、环评、通航等相关手续，获得以下三项许可后方可施工：一是取得人工鱼礁透水构筑物用海的不动产权证书或者县级以上人民政府出具的同意在该海域投放人工鱼礁的意见；二是环境影响评价取得生态环境部门批复意见；三是编制施工通航安全保障方案，通过当地海事部门审批。前期工作要点如下：

（一）开展本底调查。本底调查资料是后续报告编制的基础。根据《海洋调查规范》《海洋工程环境影响评价技术导则》《海域使用论证技术导则》，设置调查站位与调查内容，编制海域生态环境综合评估报告；依据《人工鱼礁建设地质勘察技术规范》编制专门的工程地质勘察报告。

（二）编制项目可行性研究报告。根据本底调查结果，参考《农业建设项目可行性研究报告编制规程》和《农业农村部办公厅关于印发〈人工鱼礁建设项目管理细则〉的通知》相关附件，编制项目工程可行性研究报告。报告需要达到初步设计要求，为项目海域论证和环境影响评价提供方案。

（三）开展海域使用论证。通过海域使用论证，对项目用海的科学性和合理性进行评估，为行政审批提供决策依据和技术支撑。依据《中华人民共和国海域使用管理法》《关于规范海域使用论证材料编制的通知》《海域使用论证技术导则》《海洋功能区划》以及海岸带及海域空间规划、海洋牧场（人工鱼礁）规划、养殖水域滩涂规划等，由专业人员编制项目海域使用论证报告。通过专家评审后，海域管理部门发放海域不动产权证书。

（四）开展环境影响评价。依据《建设项目环境影响评价分类管理名录》《生态保护红线管理办法（试行）》《海洋工程环境影响评价技术导则》等，由环评工程师编制项目环境影响评价报告。通过专家评审后，由生态环境部门出具审批意见。

（五）编制通航保障方案。根据《涉水工程施工通航安全保障方案编制与技术评审管理办法》，依据《施工通航安全保障方案》编制大纲，项目实施单位编制施工通航安全保障方案，由当地海事部门审批后方可施工。

11.
如何进行海洋牧场工程验收？

国内渔业油价补贴转移支付专项资金支持人工鱼礁建设项目的工程验收主要依据《人工鱼礁建设项目验收工作规范（试行）》（农渔资环函〔2019〕90号，以下简称“《工作规范》”）进行，其他类型资金支持的海洋牧场建设工程验收可参照该规范开展。《工作规范》具体要求如下：

（一）验收时限。项目建设单位应在项目资金正式下达后两年内完成项目，在项目完成后的90天内准备好验收材料完成初步验收，并提交项目验收申请。省级渔业主管部门在收到项目验收申请后60天内组织开展项目验收。

（二）验收必备条件。工程验收必须至少具备下列条件：（1）完成经省级以上渔业主管部门批复的项目实施方案中规定的各项建设内容；（2）整体项目工程已完成项目初步验收，并出具工作总结报告和初步验收报告；（3）编制完成竣工决算，并出具专项审计意见或审计报告；（4）具有第三方单位（具有工程质量检测资质）出具的项目工程质量检测报告；（5）完成投礁区域声学水下勘测，并出具声学水下勘测技术报告；（6）水下在线监测系统、海藻场（海草床）等子项目建设内容的设施设备应安装完毕，并能够按批复的设计要求运行；（7）原始档案归档资料齐全、完整；（8）项目建设相关配套设施已建成并经相关部门审查合格。

（三）验收内容。工程验收的主要内容包括：（1）项目建设总体完成情况；（2）项目资金单位及使用情况；（3）项目变更情况；（4）施工与设备到位情况；（5）竣工决算情况；（6）档案资料情况；（7）已建成海洋牧场运行或投入使用准备情况；（8）执行法律、法规情况；（9）项目管理情况及其他需要验收的内容。

（四）验收程序。一是项目建设单位组织开展初步验收，并出具初验报告；二是初步验收合格并具备竣工验收条件后，项目建设单位应及时提交项目验收申请报告，经县级以上渔业主管部门审核同意后，报送省级渔业主管部门；三是省级渔业主管部门在收到项目验收申请报告后，对具备竣工验收条件的项目组织验收；四是验收专家组通过听取各有关单位的项目建设工作报告，观看影像资料，查阅项目相关档案、财务账目及其他相关资料，进行咨询与讨论等方法，对项目全面检查和审核，形成项目验收报告；五是省级渔业主管部门收到验收专家组出具的项目验收合格意见或复核合格意见后，向社会公示 7 天以上，公示无异议后及时出具验收合格文件，并将验收合格文件报农业农村部渔业渔政管理局备案。

12.
为什么要开展海洋牧场建后管护？

海洋牧场建设目的是通过人工手段或措施营造良好的海洋生态环境，增殖水生生物资源，以实现渔业资源的可持续产出。海洋牧场建设并非一蹴而就，需要在建成后持续做好管护工作。

首先，科学管护才能实现渔业资源可持续利用。海洋牧场可以涵养渔业资源，但它们并非取之不尽、用之不竭，就像草原牧场放牧，我们不能一次性把羊全部杀掉，要保持羊群具有一定规模和种羊数量，合理规划捕杀，才能每天都有羊吃，不断有小羊羔出生，实现羊群资源可持续利用和发展。通过海洋牧场科学管理，及时掌控牧场的生物资源情况，合理制定捕捞计划，避免过度开发利用，实现渔业资源的持续产出、海洋牧场的持续利用。

其次，科学管护能保障海洋牧场安全发展。相较陆地而言，海上风、浪、流等不可控因素较多，风险系数较高，安全是不可忽视的问题。设施设备和构建的生境也会因外界环境因素影响而发生损坏，因此需要开展定期维护。同时海洋牧场涉及生产、游客等人员众多，必须加强管理，有效管控风险，保障生产运行和人身安全。

再者，科学管理可有效降低海洋牧场资产被盗风险。海洋牧场渔业资源丰富、价值高，容易成为一些不法分子的关注目标。通过开展巡查管护，可有效杜绝偷捕等违法行为。

13.
海洋牧场建后管护主要包括哪些内容？

海洋牧场建后管护主要包括设施维护、生境维护、资源养护、开发利用、人员管理、档案管理、安全管理等内容。

（1）**设施维护：**海洋牧场相关设施设备包括管护平台、配套船艇、监控设施设备、鱼类行为驯化设施、边界标识设施等，这些设施设备均应定期进行维护保养，以保持其正常运行。

（2）**生境维护：**主要是对人工鱼礁、海藻场、海草床、珊瑚礁、牡蛎礁等生境组分进行维护，使其能够持续发挥功能作用，保持良好的水域生态环境或促进水域生态环境修复。

（3）**资源养护：**包括资源调查、资源增殖、资源保护和资源采捕等，其工作目标是保护和恢复渔业资源，实现海洋牧场生态系统良好和渔业可持续发展。

（4）**安全管理：**包括人员安全、设施设备安全、环境安全、巡查管护、应急预案等，其工作目标是通过编制应急预案、制定管理制度、开展巡查管护等措施，保证海洋牧场区域内人员、设施、环境安全。

（5）**开发利用：**主要包括水产品开发利用和渔旅开发等。开发利用的目标是在不破坏海洋牧场生态环境的前提下，实现海洋牧场经济效益产出，促进海洋牧场可持续发展。

（6）**调查监测：**海洋牧场建成后，应定期开展生态环境、渔业资源以及构建生境等状况调查，以及时采取相应措施消除不良影响，掌握海洋牧场环境和资源变化情况，对海洋牧场生态状况进行评估。

（7）**档案管理：**海洋牧场管护主体应建立人员档案、设施档案、环境资源档案及安全管理档案等，并按不同对象设置记录内容及保存期限。

设备维护
生态维护
资源养护
安全管理
开发利用
调查监测
2017
人员档案
设备档案
2018
人员档案
设施档案
档案架

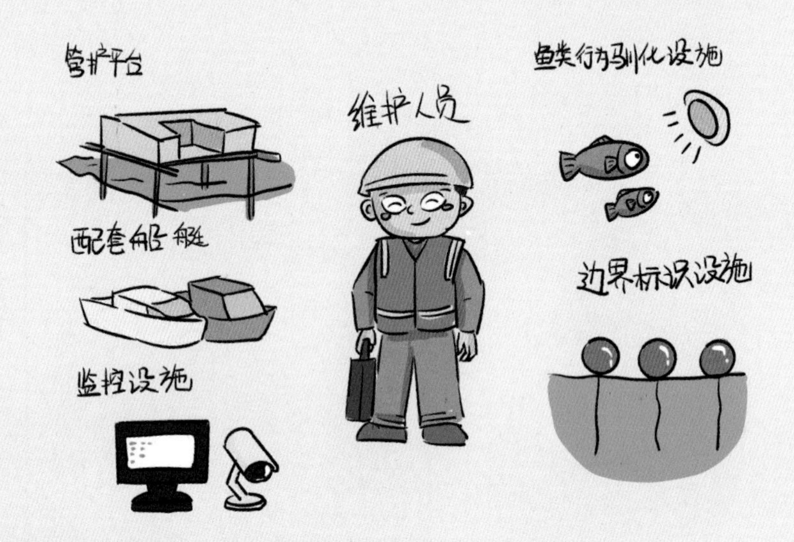

14.
如何做好海洋牧场设施维护？

（1）制度管理。制定海洋牧场平台设备的管理维护制度并贯彻执行，保障平台设备可靠运行。

（2）管护平台。管护平台需经相关部门检验合格，取得有效证书后方可投入运营。投入运营后按应规定申请拖航、营运或临时检验，定期由具备相关检测资质的单位进行检测，检测合格后方能继续使用。平台报废或灭失时，按规定要求办理注销手续，交回相关证照并予以拆除。

（3）配套船艇。海洋牧场配套船艇包括捕捞渔船、养殖渔船、休闲渔船、监测调查渔船、渔政执法渔船等，均需要指定专人负责管理。应急保障船艇应与海洋牧场监控系统互相连通。配套船艇需取得相应的检验证书方可投入使用。捕捞渔船和从事体验式捕捞的休闲渔船应取得相应的捕捞许可证件。

（4）监控设施。监控设施设备包括水下可视化监测系统、海上雷达监控系统、岸基控制平台等，这些设施设备需要定期检查并进行维护，确保其正常运行。

（5）鱼类行为驯化设施。鱼类行为驯化设施维护按照《海洋牧场鱼类音响驯化技术指南》（T / SCSF 0009—2021）执行。

（6）边界标识设施。边界标识设施包括边界浮标和岸上界碑，主要需做好巡查管护，发生破损或遗失及时进行维修或补充。

15.
如何做好海洋牧场生境维护？

海洋牧场生境维护是对人工鱼礁、海藻场、海草床、珊瑚礁、牡蛎礁等生境组分的维护，包括标识设施的维护、海区巡查、防灾减灾、海区监测与维护等工作，具体内容包括：（1）标识设施维护主要是及时修复和补充损坏或缺失的警示浮标、标示牌、石碑等设施。（2）海区巡查主要是定期开展海洋牧场海上巡逻、检查，确保海洋牧场各方面正常运转。（3）防灾减灾主要是制定台风、风暴潮、赤潮等灾害应急预案，及时开展灾害评估，并组织灾后修复活动。（4）海区监测与维护主要是定期对海区生态、资源状况等进行监测，同时开展生境维护，清理污染物和敌害。不同生境组分各有侧重：

人工鱼礁。定期监测人工鱼礁区水深、水温、盐度、叶绿素、溶解氧、pH、浊度等基本要素情况。开展人工鱼礁维护，及时清理礁体上附着的网具等垃圾，并对移位、破损、倾覆礁体进行恢复、打捞等处置。

海藻场和海草床。定期监测海区漂浮型大型海藻和蟹类等资源密度，查看海藻（草）的扩繁和生长情况，对于发生大范围植株死亡现象的，及时分析死亡原因，采取补救和修复措施。开展海藻场和海草床维护，及时清理

影响海草扩繁、生长的敌害生物，清理幼苗固着区沉积泥沙，清除危害海域环境的垃圾。

珊瑚礁。定期监测珊瑚礁区水质、水文、沉积物等状况，保障珊瑚礁生态系统的稳定。开展珊瑚礁维护，查看人工基质构件连接和整体稳定性情况，对于发生倾覆、破损、埋没的人工基质，采取补救和修复措施，清理影响珊瑚礁生长的敌害生物，清理造礁石珊瑚苗种固着区的沉积泥沙，清除危害海域环境的垃圾。

牡蛎礁。定期监测牡蛎礁区牡蛎种群生长和生态系统发育状态，查看牡蛎礁发育情况。及时调整礁体基质投放数量、牡蛎幼贝和牡蛎成贝增殖数量，优化牡蛎种群及其生物群落结构。开展牡蛎礁维护，及时清理礁体上附着的网具等垃圾。